HEINZ GERBER

MORCHELN

ÖKOLOGIE & LEBENSRÄUME

KOSMOS

Hier finden Sie Morcheln!

INHALT

Das Gold des Waldes

Schon als kleiner Junge faszinierte mich die Morchel, wenn ich in Vaters Pilzbuch blätterte und den wundersamen Pilz bestaunte. Da ich ja noch nicht lesen konnte, war es für mich unverständlich, weshalb wir auf unseren Pilztouren im Sommer und Herbst diesem besonderen Pilz nie begegneten. Auf diesbezügliche Nachfragen gab es zur Antwort: „Dort, wo wir Pilze sammeln gehen, gibt es diesen Pilz nicht!“ Damit war die Sache für meinen Vater erledigt. Des Lesens dann kundig, stellte ich fest, dass er selbst keine Ahnung hatte, wo und wann sich Morcheln finden lassen.
In späteren Jahren verlor ich die Pilze etwas aus dem Fokus, gab es da doch noch andere Interessen (Fischerei, Vogelkunde u. a.). Nach der Ausbildung und Familiengründung änderte sich dies jedoch. Ich fing an, mich wieder mit der Pilzkunde und somit erstmals auch bewusst mit der Morchel zu beschäftigen. Als ein Kollege meine Frau und mich auf eine Morchelpirsch mitnahm – in diesem Zusammenhang ganz und gar keine Selbstverständlichkeit – konnte ich noch nicht ahnen, wie dieses Erlebnis mein künftiges Leben prägen und beeinflussen würde. Ich erinnere mich noch gut: Es war am 21. April 1976, als wir erwartungsvoll erstmals durch die Aue pirschten. Der Erfolg war bescheiden, wir aber waren glücklich, konnten wir doch eine Handvoll „Graueli“ (graue Rundmorcheln) mit nach Hause nehmen. Jede gefundene Morchel glich einem Goldstück. Zu Hause wurden die Pilze erst mal sorgfältig gereinigt, dann wieder bestaunt, verglichen, studiert und fotografiert.
Das Feuer – die Begeisterung und die Faszination für die Morchel und deren Habitat –, das damals in mir entfacht wurde, lodert noch heute, und ich bin dankbar für all die wunderschönen Erfahrungen und Begegnungen, welche mir auf der Morchelpirsch in all den Jahren beschert wurden.

Rundmorchel im Morgenlicht zwischen Schachtelhalm

Nach diesem ersten Ausflug in die Aue vertiefte ich mich ins Thema. Ich fing an, alles zu lesen und zu sammeln, was ich über die Morchel finden konnte: unzählige Beiträge in Pilzbestimmungsbüchern, Fachzeitschriften, Presseartikel usw. Mein „Vademekum für Morchelfreunde“ ist mittlerweile auf etwa 250 Seiten angewachsen. Bezüglich morchelspezifischer Literatur bin ich bei meinen Nachforschungen jedoch nicht fündig geworden. Unverständlich, dass diesem ganz besonderen Pilz keine spezielle Lektüre gewidmet ist. Dieser Umstand, das erworbene Wissen, der reiche Erfahrungsschatz und Ermunterungen aus dem Umfeld haben mich dazu bewogen, dieses Buch zu verfassen.
Es handelt sich um keine wissenschaftliche Abhandlung über die Morchel und erhebt auch nicht den Anspruch auf Allgemeingültigkeit; hierzu sind die Vorgänge in der Natur zu komplex und zu vielfältig. Es dient lediglich als Leitfaden und ist dazu gedacht, Interesse und Freude am Thema zu wecken und uns, wenn wir auf der Pirsch sind, für den respektvollen Umgang mit Fauna und Flora zu sensibilisieren.

Heinz Gerber

EIN GANZ BESONDERER PILZ

KONKURRENZLOS

Die Vielfalt an Formen und Farben innerhalb der Morchelfamilie ist riesig – hier eine Spitzmorchel.

Verlockung und Herausforderung

Morcheln gehören zu den köstlichsten und wertvollsten Pilzen. Sie sind leider nur für kurze Zeit frisch erhältlich und in der Natur nicht leicht zu finden.

Von den ungefähr 200 bis 300 in Europa vorkommenden essbaren und mehr oder weniger schmackhaften Pilzen verfügt wohl kaum eine andere Spezies über eine dermaßen große Faszination und Ausstrahlung. Bezüglich Formen- und Farbenvielfalt ist die Morchel im Reich der Pilze konkurrenzlos, und ihre kulinarischen Qualitäten verleihen ihr einen besonderen Nimbus.
Schon in der Antike besaß der Pilz mit dem feinen und arttypischen Geschmack einen hohen Stellenwert bei Feinschmeckern.
Das Suchen und Finden dieser Köstlichkeiten, welche sich unserem Zugriff vielfach durch perfekte Tarnung zu entziehen verstehen, erfordert vom Pilzesammler ein geübtes Auge, Erfahrung, Beharrlichkeit, Standortkenntnis, Intuition sowie viel Liebe und Interesse an der Sache.

FRÜHLINGSGENÜSSE

Weshalb die teuren Delikatessen ausgerechnet im Frühjahr, einer sonst pilzarmen Zeit, erscheinen, bleibt ein Geheimnis der Natur. An ihnen zusagenden Stellen bilden die Spitzmorcheln oft schon kurze Zeit nach der Schneeschmelze erste Fruchtkörper. Nicht umsonst lassen einige warme Sonnentage im Februar den passionierten Morchelsucher unruhig werden, und wenn die ersten Frühjahrsgewitter über das Land ziehen, dann hält ihn nichts mehr zurück,

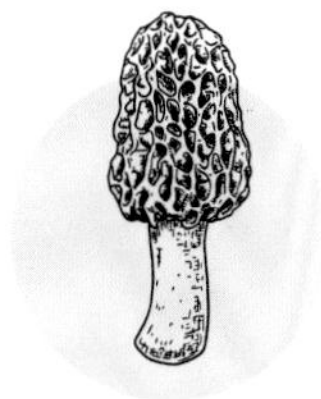

Frühjahrspilze

Mit der Pilzsuche im Sommer und Herbst hat die Morchelpirsch nur wenig gemein, außer dass das Zielobjekt auch zur Pilzfamilie gehört.

1

2

3

Der naturliebende „**Möcheler**" erfreut sich auch an all dem, was es rund ums Morchelsuchen zu beobachten und erleben gibt.

denn Mutter Natur lockt mit Köstlichkeiten, die es nur für kurze Zeit zu ernten gibt.

Morchelwetter

Ist Petrus uns wohlgesinnt, beschert er uns feuchtwarmes Wetter und sorgt dafür, dass der Korb des kundigen Sammlers sicher nicht leer bleiben wird. Kaltes und trockenes Wetter jedoch ist dem Morchelwachstum abträglich. Auch gute Morchelstandorte bringen dann vielfach nur wenige oder keine Fruchtkörper hervor. Sollte der Korb oder Leinensack leer bleiben, ist dies kein Grund zur Frustration. Wir lassen uns von Fehlschlägen und Misserfolgen nicht entmutigen, denn wir wissen um die Unberechenbarkeit und die Launen der Natur. Auch auf einem erfolglosen Pirschgang gewinnen wir neue Erkenntnisse

4

Eine **Morchelpirsch durch die Frühlingsaue** kann uns nicht nur eine leckere Mahlzeit bescheren, sie ist für jeden Naturfreund auch ein wunderbares Erlebnis und Balsam für Seele, Geist und Leib.

und sind hoffentlich, sofern wir uns mit wachen Sinnen – dies nicht nur für die Morcheln – in der Natur aufhalten, um das eine oder andere Erlebnis reicher.

Bäume im Morchelrevier

Die Auen bilden mancherorts noch Gehölze und eine Kulisse von besonderer Prägung. Eschen, Erlen, Pappeln, Ulmen, Kirschbäume, Weiden und Holunder stellen einen den Morcheln zusagenden Baumbestand dar. Wohlbehütet im dürren Laub und gut getarnt im dichten Grün entdecken wir die erste Morchel der Saison. Der erste Fund ist für den Morchelfreund stets etwas Besonderes. Er genießt den Augenblick, erfreut sich an der von Mutter Natur geschaffenen Gabe und prägt sich deren Bild ein. Vergessen sind Stress und Alltagssorgen – Augen und Ohren erfreuen sich an dem Reichtum, den die Natur in der Frühlingsaue in Hülle und Fülle offenbart.

Mit Muße und Ruhe

Der kundige Sammler bewegt sich bedächtigen Schrittes und erfreut sich an dem einzigartigen Blütenteppich, den die Frühblüher über den Waldboden ausbreiten. Hektik ist bei der Morchelsuche fehl am Platz. Ruhig schweift der Blick des Sammlers über die Vegetation des Waldbodens und beurteilt die umgebenden Gehölze. Wer durchs Revier hetzt in der Hoffnung, möglichst vielen Morcheln zu begegnen, verpasst viele schöne Beobachtungen und Erlebnisse und bringt sich selbst um den Erfolg.

Mit fortschreitender Erfahrung weiß man auch wo, wann und bei welcher Witterung die Morcheln an ihren Standorten wachsen. Nebst einem geübten Auge ist dieses Wissen das A und O einer erfolgreichen Morchelpirsch. Tagebuchaufzeichnungen liefern uns hier eine Menge Hinweise, denn die vermeintlich gute Erinnerung lässt uns oft im Stich.

1. Im Rausch der Farben: Lerchensporn und Gelbes Windröschen verzaubern Wald und Aue.

2. Blüte der roten Heckenkirsche *(Lonicera)*

3. Waldbingelkraut *(Mercurialis perennis)*, ein Morchelnachbar im Laubwald

4. Busch-Windröschen *(Anemone nemorosa)* breiten im lichtdurchfluteten Wald ihren Teppich aus.

Graue Rundmorchelgruppe im Giersch, auch Geißfuß *(Aegopodium podagraria)* genannt

Respekt vor Pflanzen und Tieren

Wenn Sie in der Aue unterwegs sind, achten Sie darauf, dass Morchelplätze möglichst unversehrt bleiben, und nehmen Sie Rücksicht auf die Pflanzen- und Tierwelt. Sie verdienen unseren Respekt und machen die Aue erst zu dem was sie ist: ein Kraftort und Erholungsparadies.

ZUCHT UND ANBAU

Bei der Begehrtheit und den stolzen Marktpreisen verwundert es nicht, dass seit Jahrzehnten immer wieder versucht wird, Morcheln ganzjährig in wirtschaftlich lohnendem Maßstab unter kontrollierten Bedingungen zu züchten. Zusammen mit zwei amerikanischen und einer schwedischen Firma investierte ein Schweizer Champignon-Produzent in den 80er-Jahren mehrere Millionen in das gewinnträchtige Projekt. Unter kontrollierten Bedingungen ließen sich im Labor wohl Fruchtkörper hervorbringen. Es gelang aber nicht, regelmäßige und vor allem mengenmäßig marktreife Ernten zu produzieren. Seither ist es wieder ruhig geworden um die Morchelzucht.
Über die in letzter Zeit oft beschriebenen diesbezüglichen Erfolge in China bleibt zu sagen, dass es sich hierbei nicht um Zucht, sondern um Anbau handelt, da die Morcheln nur während kurzer Zeit im Frühjahr geerntet werden können.

Ich denke, es ist gut so, dass uns die Natur Grenzen setzt und aus rein wirtschaftlichen Interessen nicht alles Wünschenswerte machbar ist.

Diese Varietät der Spitzmorchel mit an der Basis verjüngtem Stiel heißt auch Hohe Morchel.

DIE MORCHEL-FAMILIE: ARTPORTRÄTS

LÄNGSSCHNITT DURCH EINE RUNDMORCHEL

Hut und Stiel der Morcheln sind hohl und je nach Art, Varietät und Alter auch mehr oder weniger dickfleischig und wachsartig brüchig.

QUERSCHNITT: DICKFLEISCHIGE SPITZMORCHEL

Fortpflanzung und Lebensformen

Morcheln gehören zur großen Klasse der Schlauchpilze. Die Sporen, welche millionenfach zur geschlechtlichen Vermehrung produziert werden und mikroskopisch klein sind, wachsen bei den Pilzen dieser Klasse in schlauchartigen Gebilden heran.

Bei den Morcheln befinden sich die Sporen in den Waben und Rillen. Sind sie reif, platzen die Schläuche auf, und die Sporen werden vom Wind verbreitet. Nur aus wenigen wächst jedoch einmal ein neuer Pilz heran. Ob ein neues Pilzgeflecht, das sogenannte Myzel, entsteht, welches dann wiederum Fruchtkörper hervorzubringen vermag, hängt von verschiedensten Faktoren und Zufälligkeiten ab. Dies ist auch der Grund, weshalb Pilze Sporen in so riesiger Menge produzieren. Wichtig für die Ausbreitung der Pilze ist auch die vegetative Vermehrung über das Pilzgeflecht, welches sich im Erdreich (Substrat) ausbreitet und beim Abbau und der Zersetzung organischer Stoffe eine wichtige Aufgabe übernimmt.

WER GEHÖRT ZUR MORCHELFAMILIE?

In der modernen Literatur wird die Morchelfamilie üblicherweise in drei Gattungen gegliedert.

1. Morcheln: Rund - oder Speisemorchel, Spitz- oder Hohe Morchel, Halbfreie Morchel
2. Verpeln: Böhmische Verpel, Fingerhut-Verpel
3. Morchelbecherling

Der große Formen- und Farbenreichtum der Gattung der Morcheln verleitete frühere Pilzforscher (Mykologen)

Morcheltypen

In der Schweizerischen Verordnung der für den Markt zugelassenen Pilze sind die drei im Text genannten Morcheltypen aufgeführt.

Wunderschön proportionierte Halbfreie Morchel

DIE WELT DER MORCHELN

Weltweit soll es mindestens 62 Morchelarten geben. Forscher schließen dies aus molekularen Analysen. Schwierig dürfte es werden, all diesen Morcheln, die sich morphologisch oft kaum oder nur schwer voneinander unterscheiden lassen, einen Namen zu geben. Die gewonnenen Erkenntnisse mögen für die Wissenschaft interessant sein, bringen jedoch keinen praktischen Nutzen.

oft dazu, die verschiedensten Arten, Abarten und Varietäten aufzuführen. Da aber selbst zwischen diesen angeblich eigenständigen Arten wiederum die verschiedensten Übergangsformen vorkommen, wird in der modernen Literatur auf deren Auflistung verzichtet mit der Begründung, dass sich nur drei Gruppen sicher unterscheiden lassen:

– Speise-, Rund- oder Gemeine Morchel *(Morchella esculenta, M. rotunda, M. vulgaris)*
– Spitz- oder Hohe Morchel *(Morchella conica, M. deliciosa, M. elata)*
– Halbfreie, Glocken- oder Käppchenmorchel *(Morchella/Mitrophora semilibera, M. hybrida, M. rimosipes, M. gigas)*

Neben diesen Begriffen gibt es, je nach Aussehen (Form/Farbe) und Landesgegend, noch andere Volks- oder Trivialnamen. Diese lassen sich jedoch immer einem der drei aufgeführten Morcheltypen zuordnen.

1

2

1. Rundmorchel mit großen Waben

2. Rundmorchel mit extrem kleinen Waben

3. Spitzmorchel mit deutlichen, samtschwarzen Längsrippen

3

Wie leben Morcheln?

Viele Pilze leben in einer Lebensgemeinschaft (Symbiose) mit Bäumen und anderen Pflanzen. Dabei docken die feinen Pilzfäden an die Wurzeln der Partnerpflanze an. Hierbei kommt es zum Stoffaustausch, von welchem beide Teile profitieren.

1

Beim Fehlen ihrer Partnerpflanze sucht man auch die zu ihr gehörenden Pilze vergebens (z. B. Birken- und Lärchenröhrling). Andere Pilze wiederum leben parasitär (z. B. Hallimasch und Schwefelporling).
Die größte Gruppe bilden die sogenannten Zersetzer oder Saprophyten. Sie wachsen auf unterschiedlichen Nährböden (Substrat), haben jedoch in Bezug auf die Bodenbeschaffenheit und Umgebung auch ihre ganz spezifischen Ansprüche.
Nach neuesten wissenschaftlichen Erkenntnissen geht man davon aus, dass Morcheln diesbezüglich eine Sonderstellung einnehmen: Sie können sowohl symbiotisch mit Pflanzen vergesellschaftet als auch typische Humuszehrer oder Zersetzer sein. Da Morcheln gerne dort wachsen, wo sich Eschen befinden, ist es möglich, dass sie mit diesen Bäumen eine Symbiose (Mykorrhiza) bilden, auch wenn diese bisher noch nicht nachgewiesen wurde. Vielleicht passt ihnen auch einfach der durch das Eschenlaub gebildete Humus.

ANSPRÜCHE

Morcheln benötigen für ihre Entwicklung Feuchtigkeit, Wärme, Morgensonne, durchlässigen sandigen oder auch lehmhaltigen Boden. Allgemein sind sie kalkliebende Pilze und meiden gedüngte und saure Böden.
Morcheln stellen also ganz bestimmte Ansprüche an ihre Umgebung. Trotzdem sind sie oft Oppor-

tunisten und gedeihen an Stellen, wo man sie nicht erwartet und schon gar nicht sucht. Wer geht schon in mit Sand gefüllten Schubkarren, in Blumenkistchen, auf Sägemehl- und Aschehaufen oder auf Strohballen auf Morchelsuche? Ja, überall da wurden schon Morcheln gefunden.

1. Urwüchsige Auenlandschaft: typisches Rundmorchelhabitat

2. Lichtung im alpinen Legföhrenwald: Hier ist die Spitzmorchel zu Hause.

2

Die Rundmorchel

Weshalb in den meisten Pilzbestimmungsbüchern dieser Morcheltyp *(Morchella rotunda)* als Speisemorchel *(M. esculenta)* bezeichnet wird, ist schwer nachvollziehbar, sind doch alle Morcheltypen „esculentus“, was essbar heißt.

Rundmorchel in typischem Habitus

Es kann der Eindruck entstehen, als seien die anderen Morchelarten ungenießbar oder minderwertig, was natürlich nicht stimmt. Alle Arten der Gattung *Morchella* sind wertvolle Speisepilze. Aus diesem Grunde scheint mir der Begriff Rundmorchel, auch in Anlehnung an den Namen ihrer Schwester, der Spitzmorchel, treffender. Wie wir noch sehen werden, sind die Namen, die sich ja auf die angeblich so typische Hutform beziehen, jedoch längst nicht immer zutreffend, da man sowohl bei der Rund- als auch bei der Spitzmorchel ganz unterschiedliche Hutformen antrifft. Weniger kundige Sammler ordnen eine Morchel oft aufgrund ihrer Form oder Farbe einer bestimmten Gattung zu. So wird beispielsweise die Halbfreie Morchel (siehe S. 36) ihrer Hutform wegen fälschlicherweise manchmal auch als Spitzmorchel (siehe S. 28) bezeichnet.

AUSSEHEN

Wie bei allen Morchelarten ist der Hut der Rundmorchel äußerst vielgestaltig. Es gibt runde, eiförmige, spitzkegelige oder ganz unförmige Exemplare. Stiel und Hut sind meist miteinander verwachsen.

1

2

3

1. Stiel und Hut sind ohne Abstand miteinander verwachsen.

2. Eine große Form der Rundmorchel ist die Maimorchel.

3. Dunkel gefärbte Varietät der Rundmorchel

Auch farblich zeigt sich diese Morchel äußerst variabel. Das Farbspektrum reicht von verschiedenen Grautönen, über Braun, Ocker, Hell- und Dunkelgelb bis Orange.
Die Vertiefungen, Waben oder Gruben sind bei der Rundmorchel sehr unregelmäßig. Diese können klein und zahlreich oder auch sehr groß und dann in geringerer Zahl vorhan-

Die Bilder auf den Seiten 22 bis 27 zeigen die **Rundmorchel** in einigen verschiedenen Erscheinungsformen.

1

den sein (siehe Abbildungen). Die Rippen sind meist heller, bei verschiedenen Varietäten auch rostfarben oder entsprechen in etwa der Grundfarbe des Pilzes.
Der Stiel ist glatt, weißlich bis cremefarbig und bei älteren Exemplaren mit rostfarbenen Flecken versehen. Große Exemplare besitzen oft einen furchigen und doppelwandigen Stiel und werden im Unterschied zur meist kleineren Grau- oder Aprilmorchel auch Maimorchel genannt.

ERSCHEINUNGSZEIT

Die Haupterscheinungszeit der Rundmorchel ist üblicherweise der Monat April, solange sich das Laubdach noch nicht geschlossen hat und Wald und Aue lichtdurchflutet sind. Nach dem Austrieb der Esche, welche am spätesten ihre Blätter ausbreitet, ist die Rundmorchelsaison allgemein zu Ende. Je nach Höhenlage und Witterung kann sich diese Phase auch bis in den Monat Mai hinein verschieben. In den Niederungen ist die Saison jedoch Mitte Mai allgemein vorbei.

LEBENSRAUM DER RUNDMORCHEL

Die Rundmorchel kommt vor allem in der Ebene vor und gedeiht bis in Höhenlagen, wo die Laubbäume aufgrund klimatischer Bedingungen den Koniferen weichen müssen. Die bes-

2

3

ten Entwicklungsmöglichkeiten bietet ihnen ein sogenannter Alluvialboden (Schwemmboden), wie wir ihn an vielen Fluss-, Bach- und Seeufern in den Niederungen antreffen. Diese Auengebiete zeichnen sich auch durch ihre typische Vegetation aus.

Gehölze im Revier der Rundmorchel

Vorherrschende Bäume der Auengebiete sind Esche, Erle, Weide und Pappel. Unter den Sträuchern findet man vor allem Schwarzen Holunder, Pfaffenhütchen, Hartriegel und Schneeball.
Wie erwähnt gilt die Esche als Morchelanzeiger schlechthin. Trotzdem gedeihen die Morcheln nicht um jede Esche scharenweise und warten nur darauf, geerntet zu werden.

Standortbedingungen

Witterung, Bodenbeschaffenheit, Lage und Zeitpunkt sind ebenso bestimmende Faktoren. Die Rundmorchel gedeiht meist an Stellen, wo wir später im Jahr nur selten andere essbare Pilze antreffen. Es sind dies geschützte Stellen an Gewässern, in feuchten Schluchten und Tälern, auf an Auen angrenzenden Wiesen, in licht bewaldeten Abhängen, Parkanlagen und Baumgärten sowie an Wegböschungen. Kleinste mit Eschen bestandene Feldgehölze und Hecken

1. Diese helle Form wird manchmal auch Weiße Rundmorchel *(Morchella alba)* genannt.

2. Oft wachsen Morcheln auch büschelig – hier ein Nest Rundmorcheln.

3. Sehr seltene, ganzheitlich intensiv orange gefärbte Form der Rundmorchel

Unterwegs in der Aue, dem Habitat der Rundmorchel

verdienen unsere Aufmerksamkeit ebenso wie sonnige mit Buschwerk versehene Waldränder.
Während die Spitzmorchel örtlich auch im Revier der Rundmorchel vorkommt, findet sich diese nicht im eigentlichen Spitzmorchel-Habitat. Es sind dies jene Gebiete, wo der Laub- und Mischwald dem Nadelwald weichen muss. Die Mischwaldgrenze liegt im Alpengebiet zwischen 1000 und 1500 m ü. M. In noch höheren Lagen finden sich meist nur noch Koniferen wie Fichten, Tannen, Lärchen und Kiefernarten. Klima und Vegetation entsprechen hier nicht den Ansprüchen der Rundmorchel.

Hecken und Feldgehölze sind stets morchelverdächtig.

1

3

2

4

1. Die Esche gilt als Morchelanzeiger.

2. In diesem Laubwald lässt das Vorhandensein von Schachtelhalm auf ein Morchelvorkommen schließen.

3. Auch außerhalb der Aue lassen sich schöne Funde tätigen. Diese Rundmorcheln stammen aus einer Hecke auf 950 m ü. M.

4. Diese beiden Rundmocheln könnten farblich kaum unterschiedlicher sein.

5. Wunderschön gewachsene Zwillingsmorcheln

5

Die Spitzmorchel

In der Literatur wird die Spitzmorchel *(Morchella conica)* auch als Köstliche Morchel *(M. deliciosa)* bezeichnet. Da sie unter günstigen Bedingungen sehr hohe Formen entwickeln kann – Exemplare bis zu 50 cm Höhe sind bekannt – wird sie oft Hohe Morchel *(M. elata)* genannt.

1

Nach meiner Erfahrung ist die Hohe Morchel eine schon etwas ins Alter gekommene oder spät erscheinende Form der Spitzmorchel. Da sie jedoch an denselben Standorten erscheint wie die etwas frühere Spitzmorchel, bin ich überzeugt, dass sie nur eine Form derselben darstellt.

AUSSEHEN

Wie der Name sagt, ist der Hut der Spitzmorchel meistens eiförmig oder spitzkegelig. Die typische Spitzmorchel weist klar gotische Elemente auf, während die Rundmorchel eher barocker Erscheinung ist.
Das Farbspektrum der Spitzmorchel ist geringer als das der Rundmorchel. Der gerillte Hut hat eine meist hell- bis dunkelgraue Farbe, zeigt sich in verschiedenen Braun- oder Olivtönen und ist manchmal auch fast schwarz. Die Rippen, welche die Rillen umschließen, verlaufen vielfach mehr oder weniger parallel, sind oft samtig schwarz und mit tieferliegenden Querleisten verbunden. Im Gegensatz zur Rundmorchel enden die Rillen am Hutrand oft tropfenförmig. Dieser ist vom Stiel meist etwas abgesetzt, und es bildet sich eine kleine Rille, welche auch „Burggraben" genannt wird. Im Alter jedoch ist diese Rille oft kaum mehr wahrnehmbar. Der Stiel ist weißlich, glatt oder, je nach Varietät, auch feinkörnig oder flockig.
Bezüglich Hutform und Anordnung der Rillen und Gruben ist die Spitzmorchel äußerst variabel. So lassen sich – oft sogar am selben Standort – ganz unterschiedliche Exemplare finden.

ERSCHEINUNGSZEIT

Die Spitzmorchel erscheint von Februar bis Ende Juni. Die Erscheinungszeit ist von der Witterung, der Exposition der Vorkommen und vor allem auch von der Höhenlage abhängig. Wenn in den

1. Junge, der Umgebung farblich perfekt angepasste Spitzmorcheln

2. Die typische Rinne zwischen Stiel und Hut sowie die tropfenförmig endenden Gruben sind bei dieser Spitzmorchel deutlich erkennbar.

2

Gut ersichtlich ist hier der ausgeprägt flockige Stiel.

Niederungen die Hauptsaison der Rundmorchel beginnt, neigt sich hier die der Spitzmorchel dem Ende entgegen und verschiebt sich in die Bergregion. Es kommt vor, wenn auch eher selten, dass die Spitzmorchel örtlich auch im Herbst Fruchtkörper bildet. Besonders dann, wenn im Frühjahr die Bedingungen ungünstig waren.

LEBENSRAUM

Die Spitzmorchel besiedelt vorzugsweise subalpine Wiesen und Nadelwälder und kommt bis zur Waldgrenze vor. Ausnahmsweise trifft man sie in noch höheren Lagen. Hier auf die Suche zu gehen, empfiehlt sich jedoch nicht. An ihr zusagenden Stellen kommt sie örtlich auch in tieferen Lagen vor. In Fluss- und Bachauen finden wir sie jedoch viel seltener als die Rundmorchel. In den Nadelwäldern des Schwarzwaldes und des Jura ist die Spitzmorchel die am häufigsten vorkommende Art. Auch sie schätzt die Esche als Partnerbaum.

In Berglagen liebt sie lichte Stellen im Nadelwald, mit Pestwurz bewachsene Bachufer, Waldwiesen und -ränder, mit Fallholz und Rinde durchsetzte Stellen, Lawinen- und Murgangrunsen (Rinnen, die nach einem Erdrutsch entstehen) sowie sonnige Wegböschungen und -ränder.

Holzlagerplätze und Waldbrandflächen weiß sie besonders zu schätzen. In hohen Lagen finden wir die Spitzmorchel im lichten Arven-Lärchenwald und auf Lichtungen zwischen Legföhren (Latschen). Niemals jedoch gedeiht sie auf sumpfigen oder sauren Böden.

In Höhenlagen von über 1500 m ü. M. beginnt der Bergfrühling erst in der zweiten Maihälfte. Der Frühling kündigt sich an, wenn zwischen den Schneeresten Krokusse ihre Kelche öffnen. Mit etwas Glück lassen sich an solchen Stellen schon die ersten Spitzmorcheln finden. Je nach Witterungsverlauf dauert der Frühling und somit die Saison nur wenige Wochen. In diesen Höhen zeigt sich aber der Frühling bezüglich Flora auf den ungedüngten Bergwiesen besonders intensiv. Jedenfalls gilt es hier, wenn immer dies möglich ist, die wenigen Wochen zur Morchelpirsch zu nutzen. Das Warten auf die nächste Saison dauert dann wieder beinahe ein Jahr.

Mulchmorcheln

In urbanen Gebieten ist es Mode geworden, Strauchrabatten gegen den Unkrautbewuchs mit Rindenmulch

Außergewöhnlich gezeichnetes Exemplar, bei dem die schwärzenden Rippen eindrucksvoll mit den hellen Gruben kontrastieren – hier zusammen mit Gänse-Fingerkraut.

1

1. Nicht selten bildet die Spitzmorchel Fruchtkörper aus, die ihrem Namen ganz und gar nicht entsprechen.

2. Auf Alpweiden wächst der Pilz oft auch unweit von Kuhfladen.

3. Junge, noch hell gefärbte alpine Spitzmorcheln

4. Eine ihrer Hutstruktur wegen besondere, nicht häufige, aber doch gut erkennbare Form der Spitzmorchel ist die „Strickmuster-Morchel" *(Morchella vaporaria / M. hortensis)*, welche von einigen Autoren auch als eigenständige Art beschrieben wird.

5. Ungewöhnliches, schon etwas ins Alter gekommenes Spitzmorchel-Exemplar

2

3

4

5

Kennt keine Höhenangst

Dieser Pilz steht auf über 2000 m ü. M.

abzudecken. Hier begegnen wir einer Spitzmorchelart, die vor allem auf solchen mit Mulch bedeckten Flächen vorkommt. Im ersten Frühjahr nach dem Mulchen gedeiht sie oft zu Hunderten. Im zweiten Jahr bildet sie meist nur noch in weit geringerem Maße Fruchtkörper und in den folgenden Jahren sucht man sie vergebens. Auch ein Nachmulchen bringt meist nicht den erhofften Erfolg.
Vielerorts werden Umgebung und Gartenanlagen rund um Einkaufszentren und Discounter mit Unmengen von Rindenmulch abgedeckt, mit dem Resultat, dass hier oftmals auch viele Mulchmorcheln wachsen. Findige Pilzexperten nutzen diese Gelegenheit, um Morchelexkursionen mit Erfolgsgarantie auf dem Gelände dieser Supermärkte durchzuführen. Deshalb werden diese Mulchmorcheln oftmals scherzhaft auch „Aldi-Morcheln" genannt, womit natürlich nicht diejenigen in der Auslage des Geschäfts gemeint sind.
Zwei große Nachteile jedoch haben diese urbanen Morcheln: Es fehlt das Naturerlebnis und die Mulchmorcheln sind bedeutend weniger aromatisch als ihre „nicht kultivierten" Verwandten.

Globale Verbreitung

Global betrachtet liegt das Hauptverbreitungsgebiet der Spitzmorchel in der borealen Zone. Diese kaltgemäßigte Zone umspannt die nördliche Halbkugel und beginnt im Süden dort, wo es den meisten Laubbaumarten zu kalt wird.

Diese riesigen, meist noch unberührten nordischen Waldgebiete sind es auch, die jährlich eine Vielzahl von abenteuerlustigen und professionellen Morcheljägern anlocken. Im Fokus stehen hierbei Gebiete in Alaska und Kanada, wo im Vorjahr große Waldbrände das Terrain für ein oft gewaltiges Morchelwachstum bereitet haben. Die Spitzmorchel kommt allerdings auch in der südlichen Hemisphäre vor. In den Anden erscheint sie oft auf Vulkanerde.

In lichten Nadelwäldern, wie hier im Arven-Lärchenwald, auf kleinen Lichtungen im Legföhrenbestand oder auf mit Fallholz durchsetzten offenen Stellen lassen sich bei günstigen Bedingungen Spitzmorcheln finden.

Ende April – während im Rundmorchelrevier der Frühling schon Einzug gehalten hat, liegen die Spitzmorchel-Habitate noch unter einer Schneedecke.

Die Halbfreie Morchel

Diese Morchel ist auch als Glocken- und Käppchenmorchel *(Morchella / Mitrophora rimosipes, M. hybrida, M. gigas)* bekannt. Wie die unterschiedliche Namensgebung vermuten lässt, ist auch diese Art sehr variabel.

Besonders große und dickfleischige Exemplare der Halbfreien Morchel in ausgeprägter Glockenform

Da der Hut dieser Pilzart stets ein Drittel bis zur Hälfte frei vom Stiel abstehend ist, trifft der Name Halbfreie Morchel *(Morchella semilibera)* auf alle Formen zu.
Im Vergleich mit ihren Verwandten ist sie allgemein von zierlicherem Wuchs, sodass der lateinische Name *gigas* als unpassend bezeichnet werden muss. Zudem kommen Riesenexemplare unter allen Vertretern der Morchelfamilie vor. Bisher fand ich nur einmal ein Exemplar dieser Gattung, welches die 20 cm-Grenze überschritt. Bei einer Größe von 24 cm maß der Hut jedoch lediglich 4 cm.

AUSSEHEN

Der olivbraune bis ockergelbe, oft mit schwärzenden und deutlichen Längsrippen versehene Hut ist stets vom Stiel abstehend. Die tieferliegenden Querrippen sind weniger auffällig. Das Verhältnis von Hut und Stiel ist sehr unterschiedlich und vom Alter abhängig; so gibt es kurz- und langstielige Individuen. Kurze Stiele sind dünn und glatt, lange Stiele wesentlich dicker, oftmals leicht gefurcht und haben eine körnige Oberfläche. Bei den kurzstieligen Formen berührt der Hut oftmals den Boden, sodass der Stiel nicht sichtbar ist. Im Alter

1

3

4

5

2

1. Gut erkennbar ist hier der vom Stiel abstehende Hut.

2. Junges Exemplar mit noch hellem Hut

3. Hier ist der Stiel gänzlich unter dem Hut verborgen.

4. Ein besonders kräftiges, dickfleischiges Exemplar

5. Dieser Pilz wächst eher atypisch in einer steinigen Hecke.

Halbfreie Morcheln in Käppchen- und Glockenform

1

2

zeigt sich dieser dann um ein Vielfaches länger, und der Hut ist oft nur noch ein kleines, unscheinbares Käppchen. Es kommt vor, dass an einer Fundstelle ganz unterschiedliche Exemplare stehen.

LEBENSRAUM DER HALBFREIEN MORCHEL

Allgemein stellt die Halbfreie Morchel ähnliche Ansprüche an ihren Lebensraum wie die Rundmorchel. So erscheint sie oft auch in deren Gesellschaft. Sie liebt ebenfalls Auwälder, Bachufer, Hecken, Eschen- und Pappelhaine sowie feuchte, waldnahe Wiesen, da sie auf ausreichend Feuchtigkeit angewiesen ist, um wachsen zu können.

ERSCHEINUNGSZEIT

Die Haupterscheinungszeit dieser Morchelart ist in der Ebene von April bis Mitte Mai.
Bei günstigen Bedingungen kann man an ihr zusagenden, feuchten Stellen oft mit Massenvorkommen rechnen. Bei trockenem Wetter jedoch, wenn ihre Verwandten, die Rund- und Spitzmorcheln, noch in geringem Maße fruchtifizieren, sucht man die Halbfreie Morchel vergebens.

1. Ein wunderschön gewachsenes Exemplar in Glockenform mit kontrastierenden Rippen

2. Dickere Stiele sind oft fein gekörnt.

Die Verpeln

Die Gattung *Verpa* zählt ebenfalls zur Morchelfamilie. Die Verpeln unterscheiden sich von den echten Morcheln vor allem durch den nur am Scheitel mit dem Hut verwachsenen Stiel.

1

Die Verpeln erscheinen zur selben Zeit und an denselben Standorten wie die Rund- und Halbfreie Morchel. Auen und feuchte, lichte Laubwälder mit einem Bestand an Eschen, Pappeln und Erlen sagen ihnen besonders zu. Sie sind jedoch bedeutend seltener als die Morcheln.

BÖHMISCHE VERPEL, RUNZELVERPEL

Der Hut dieser Spezies (*Verpa bohemica*, syn. *Ptychoverpa bohemica*) besteht größtenteils aus mehr oder weniger kräftig ausgebildeten längs verlaufenden Runzeln und Wülsten. Die Farbe variiert von Graubraun, Braungelb bis Ockerfarben. Der Stiel ist dickwandig, brüchig und weißlich bis cremefarbig. Im Gegensatz zu den Morcheln ist dieser meist markig ausgefüllt und mit kleiigen ringförmigen Schüppchen besetzt. Auch bei den Verpeln gibt es lang- und kurzstielige Exemplare. So ist das Verhältnis von Hut und Stiel unterschiedlich und auch vom Alter abhängig. Die Böhmische Verpel kann bis zu 20 cm groß werden.

FINGERHUTVERPEL

Diese Verpel *(Verpa digitaliformis)* besitzt einen fingerhut- bis glockenförmigen, meist glatten oder nur schwach gerunzelten Hut. Die Farbe wechselt zwischen verschiedenen Brauntönen. Wie bei der Böhmischen Verpel ist der weißliche, cremefarbene oder leicht bräunliche Stiel markig ausgefüllt. Üblicherweise wird der Pilz kaum über 10 cm groß.

2

1. Der Stiel der Verpeln ist markig ausgefüllt.

2. Böhmische Verpel: Im Alter verfärben sich Runzeln und Rippen schwärzlich, und der Hut wird dünnfleischiger.

3. Die Böhmische Verpel, auch Böhmische Morchel genannt, erscheint oft schon recht früh im Jahr; hier zusammen mit dem Leberblümchen.

3

Langstieliges Exemplar einer Fingerhutverpel mit schwach gerunzeltem Hut

Wie unterschiedlich bezüglich Form und Struktur der oft weiß umrandete Hut dieser Morchelverwandten sein kann, zeigen die Abbildungen.

Erlebnis mit Engadiner Verpeln

Es war an einem späten Nachmittag im Jahr 2016. Müde, aber gleichwohl wachen Sinnes für alles, was es in der Natur zu sehen und zu hören gibt, befand ich mich auf dem Heimweg von einer Angeltour. Unverhofft hielt ich inne und traute meinen Augen nicht: Fingerhutverpeln – in dieser Umgebung, in dieser Höhenlage?! Unglaublich! Und doch, es waren wirklich welche. An die 40 Stück standen da vor mir auf einer Fläche von einigen Quadratmetern. Am nächsten Morgen wollte ich voller Begeisterung die Entdeckung meiner Frau zeigen und dann, welche Enttäuschung: Alle Verpeln waren weg; kein einziges Exemplar ließ sich mehr finden. Abgeerntet oder von Wildtieren gefressen? Ich weiß es nicht. Seither fand ich

Bei diesen Fingerhutverpeln erinnern die hirnartigen Wülste stark an diejenigen eines Lorchelhutes.

1

1. Bruchstücke von Fingerhutverpeln

2. Diese Exemplare stehen auf einer Schotterflurebene auf 1880 m ü. M. im Engadin (CH) – das bisher höchstgelegene bekannte Vorkommen dieses Pilzes.

hier nie mehr eine Verpel. Dies hat wohl auch mit der Witterung zu tun. Damals herrschten ideale Wachstumsbedingungen. Seither war das Frühjahr stets viel zu trocken.

Verwendung

Wie bereits erwähnt, ist der Geschmack der Verpeln bedeutend weniger intensiv – auch etwas erdiger oder muffiger – als derjenige der Morcheln. Trotzdem lassen sie sich angenehm schmeckend zubereiten. Am besten kreiert man aus ihnen eine Sauce – analog der Morchelrahmsauce.

BESONDERES ZU DEN VERPELN

In der Pilzliteratur wird der Wert der Verpeln ganz unterschiedlich beurteilt. Sicher ist, dass sie bezüglich des Geschmacks nicht mit den Morcheln konkurrieren können. Aufgrund ihres in Mitteleuropa doch eher seltenen Vorkommens stehen sie mancherorts unter Schutz. So gilt in der Schweiz für die Fingerhutverpel ein generelles Pflückverbot. Auch in Deutschland, wo die Art auf der Roten Liste geführt wird, und in Österreich sollte die Art geschont werden. Anderswo (Osteuropa, Asien) scheint sie aber noch in großen Mengen aufzutreten und wird auch entsprechend vermarktet. Zum Nachteil der Konsumenten fand ich bei der Analyse der Morchelsauce eines Supermarktes lauter Bruchstücke von Fingerhutverpeln anstelle der versprochenen Morcheln. Hiervon, dass es wirklich Fingerhutverpeln waren, die da als Morcheln verkauft wurden, zeugte sogar ein einzelner noch intakter Hut.

2

Der Morchelbecherling

Der auch Aderbecherling *(Disciotis venosa)* genannte Pilz ist ein weiterer Vertreter der Morchelfamilie. Von der Farbe her hat er sich dem Falllaub perfekt angepasst und wird deshalb oft übersehen oder aus Unkenntnis stehen gelassen.

Der aufgeworfene und dickfleischige Wuchs hat mit einer Becherform nichts mehr gemein. Aufgeschnitten gleicht der Pilz eher einem Blattkohl.

Obwohl seine Becherform keine Ähnlichkeit bezüglich des Aussehens mit seinen Verwandten besitzt, gehört dieser Pilz aufgrund mikroskopischer Merkmale trotzdem zur Gattung: Sein Becher stellt ganz einfach eine einzige riesige Wabe oder Grube einer Morchel dar.
Dieser eher wenig bekannte Pilz, oft auch Flachmorchel genannt, wird jedoch von Kennern ebenso geschätzt wie seine berühmten Verwandten.

VORKOMMEN

Man findet den Morchelbecherling nur im Frühjahr, und zwar an den gleichen Standorten wie die Rund- und die Halbfreie Morchel. Er ist jedoch bedeutend weniger häufig. Bei günstigen Bedingungen wächst er an seinen Standorten aber oft in großer Zahl, sodass sich der Korb des Morchelsuchers schnell füllt.

ERKENNUNGSMERKMALE

Typisch für den Morchelbecherling sind der Chlorgeruch, welcher beim Kochen oder Dörren schwindet, die mehr oder weniger ausgeprägte Aderung sowie das wachsartige und brüchige Fleisch.

AUSSEHEN

Die Farbe der Pilzoberseite reicht von Hell- bis Dunkelbraun. Die Unterseite ist schmutzigweiß oder cremefarben und der kurze, kaum sichtbare Stiel im Erdreich verborgen.

1

2

Der Morchelbecherling wird bis zu 20 cm breit, bleibt aber meistens wesentlich kleiner. Aber auch hier bestätigen Ausnahmen die Regel, wie die Abbildung dieses 660 g schweren außergewöhnlichen Exemplares auf Seite 46 zeigt.

WARNUNG: VERWECHSLUNGSGEFAHR!

Beim Sammeln von Morchelbecherlingen besteht Verwechslungsgefahr mit anderen ungenießbaren oder giftigen Becherlingen.
Besonders gefährlich ist die Verwechslung mit dem giftigen Kronenbecherling *(Sarcosphaera coronaria)*, welcher auch im Frühjahr erscheint und heftige Magen-Darm-Störungen verursacht. Man muss jedoch keine Angst haben: Der Geruch nach Chlor ist ein absolut zweifelsfreies Erkennungsmerkmal des Morchelbecherlings. Der Kronenbecherling riecht neutral.

3

1. Dieser Pilz weist eine besonders ausgeprägte Aderung auf.

2. Dieses Exemplar hat eine gut ersichtliche Becherform, jedoch ohne deutliche Aderung.

3. Achtung Verwechslungsgefahr: Der giftige Kronenbecherling riecht jedoch nicht nach Chlor.

MORCHELN RICHTIG BESTIMMEN

Auf den folgenden Rätselseiten finden Sie 20 Vertreter aus der Morchelfamilie. Versuchen Sie die abgebildeten Porträts der richtigen Gattung bzw. dem entsprechenden Morcheltyp zuzuordnen.

Die Bilder, welche die Pilze in ihrer natürlichen Umgebung zeigen, wurden so ausgewählt, dass eine Bestimmung möglich sein sollte. Mit Ausnahme des Morchelbecherlings sind alle in diesem Kapitel beschriebenen Arten abgebildet.

Die Rund- und Spitzmorchel kommen je fünfmal, die Halbfreie Morchel und die Böhmische Verpel je viermal vor. Die Fingerhutverpel ist zweimal abgebildet.

Bei Unsicherheit liefert die Auflösung auf Seite 53 die Antwort.

Viel Erfolg beim Bestimmen!

1

2

3

4

5

6

7

8

9

10

11

12

13

14

15

16

17

18

19

20

→ AUFLÖSUNG

1. Rundmorchel
2. Halbfreie Morchel
3. Spitzmorchel
4. Fingerhutverpel
5. Spitzmorchel
6. Rundmorchel
7. Böhmische Morchel
8. Halbfreie Morchel
9. Rundmorchel
10. Spitzmorchel
11. Fingerhutverpel
12. Böhmische Morchel
13. Halbfreie Morchel
14. Rundmorchel
15. Böhmische Morchel
16. Spitzmorchel
17. Rundmorchel
18. Halbfreie Morchel
19. Spitzmorchel
20. Böhmische Morchel

ENTWICKLUNG EINER MORCHEL

Die hellgraue Farbe sowie die dichten Leisten und noch geschlossenen Rillen beweisen die Unreife dieser Spitzmorchel (Größe ca. 2,5 cm). Bei günstigen Bedingungen wird sie bis zur Reife noch beträchtlich zunehmen.

Wachstum und Größe

Wie groß eine Morchel wird und wie sie sich entwickelt, ist unberechenbar und von unterschiedlichen Faktoren wie Erscheinungszeit, Witterung, Standort und Varietät abhängig.

Morcheln können mit einigen Zentimetern Größe ausgewachsen sein; in seltenen Fällen erreichen Rund- und Spitzmorchel aber auch mehr als 40 cm und werden über 1 kg schwer.
Deshalb sind auch Angaben bezüglich Höhe und Breite von Hut und Stiel und das diesbezügliche Größenverhältnis, wie sie in der Pilzliteratur oft gemacht werden, nur bedingt richtig und deshalb für Morchelfreunde auch nicht von Bedeutung.

ERSTE FRUCHTKÖRPER

Die ersten Fruchtkörper der Saison wachsen eher langsam und bleiben meist klein. Dies hängt mit der meist noch recht kühlen Witterung zusammen. Einen Vorteil jedoch hat das frühe Erscheinen: Zu dieser Zeit gibt es noch kaum Pilzfliegen, die Morcheln sind also madenfrei und bleiben an ihren Standorten längere Zeit frisch. Mit fortschreitender Jahreszeit werden die Pilze größer. Vielfach finden sich die größten Exemplare am Ende der Saison. Bei feuchtwarmem Wetter sind die Pilze innerhalb von zwei Tagen ausgewachsen, aber dann leider auch ebenso schnell vermadet.

ERNTE- UND ENDGRÖSSE

Ab welcher Größe Morcheln geerntet werden dürfen, ist ein viel und kontrovers diskutiertes Thema. Da die Größe einer Morchel jedoch nicht von deren Alter abhängig ist – wie übrigens bei den meisten anderen Pilzen auch – darf man auch kleine Pilze ohne schlechtes Gewissen ernten. Bei jungen Morcheln sind Rippen und

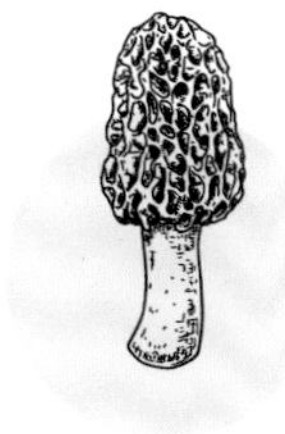

Die **Größe** einer Morchel sagt nichts über ihr Alter aus.

1

Wachstumsverlauf von Rundmorcheln

1. Am 9. April misst das größte Exemplar 2 cm, und die beiden fast weißen Winzlinge im Vordergrund sind ca. 5 mm groß.

2. Der am 9. April größte Pilz, welcher nach einer Woche das Wachstum einstellt, sowie der kleinere, 2 cm große Pilz im Vordergrund sind nach zwei Wochen dermaßen vermadet, dass ihre Hüte bei Berührung gleich zerbröseln. Auch der größte Pilz (8 cm) ist in der Hutspitze vermadet. Die Bilder wurden vom selben Standort mit der gleichen Einstellung geschossen.

3. Bei Berührung zerbröselt der Hut.

Leisten eng gewunden und die Gruben noch nicht offen. Sobald sich Waben und Rillen jedoch geöffnet haben, ist das Längenwachstum meist abgeschlossen, und der Pilz verändert sich im Alter lediglich noch in Bezug auf Form (Verhältnis von Stiel zu Hut) und Farbe. Wer glaubt, man müsse Morcheln bis zur vollständigen Streckung von +/– 20 cm nur lange genug stehen lassen, irrt sich. Die wenigsten Morcheln erreichen diese Größe.
Kein einziger der vielen von mir zu Beobachtungszwecken stehen gelassenen Pilze wurde vor dem Zerfall auch nur annähernd so groß. Normalerweise haben auch große Morcheln innerhalb weniger Tage ihre volle Streckung erlangt und sind nicht über Wochen zur Endgröße herangewachsen.

Lebensdauer

Meinen Beobachtungen zufolge sind nach zwei Wochen die meisten Pilze bereits im Zerfall begriffen und für den Verzehr nicht mehr geeignet. Erheiternd ist die in einem älteren Pilzbestimmungsbuch (hier wird noch zwischen der Spitz- und der Hohen Morchel unterschieden) enthaltene Feststellung, dass die Spitzmorchel im Alter verdorrt, die Hohe Morchel jedoch verfault. Ob eine Morchel verdorrt oder verfault, egal welchem Typ

2

Klein, aber fein

Sand- sowie Zwergmorchel, Varietäten der Rundmorchel, die wir vielerorts in sandigen Flussauen antreffen, erreichen kaum 10 cm. Letztere wird nur selten 5 cm groß.

sie entspricht, ist witterungsabhängig. Auch eine verdorrte Morchel wird spätestens nach dem nächsten Regen Opfer des Fäulnisprozesses, und von Maden befallene Exemplare zerfallen auch in Trockenperioden, bevor sie verdorren. Einmal besuchte ich Mitte April nach einer mehrwöchigen Trockenperiode einen Maimorchelstandort. Dass nichts zu finden war, überraschte mich bei den herrschenden Verhältnissen nicht. Anfang Mai stattete ich dem Ort nochmals einen Besuch ab, und da stand doch wirklich eine große, total vergammelte Morchel, welche trotz trockener Witterung fruktifizierte, dann jedoch innerhalb kurzer Zeit Opfer von gefräßigen Maden wurde.

Mit jedem Tag, an dem eine Morchel nach dem Öffnen der Gruben länger stehen bleibt, vermindert sich deren Qualität, und die Gefahr, dass sie Opfer von Schnecken und Maden wird, nimmt zu. Deshalb ist auch die Güte von schnell gewachsenen Pilzen deutlich besser als von solchen, die zur vollen Entfaltung viele Tage benötigen. Ausgenommen hiervon sind die früh im Jahr erscheinenden Spitzmorcheln. Bei großen Maimorcheln, die in der Literatur oft auch als Dickfüßige Morchel *(Morchella crassipes)* beschrieben werden, sind die Wabenränder im

3

1

2

3

Es ist sinnvoll, ältere, nicht mehr ganz frische Pilze, die schon **Sporen** streuen, stehen zu lassen.

Alter oft brüchig und zerbröseln leicht (siehe Bild, Klappe vorne). Dass Morcheln über Nacht aus dem Boden schießen, durfte ich schon oftmals erleben. Manchmal waren die kaum 24 Stunden alten Pilze sogar größer als die am gleichen Standort am Vortag geernteten. Es kommt auch vor, dass Morcheln aus den Strünken erst kürzlich abgeschnittener Exemplare wachsen. In früheren Jahren dachte ich oft, wenn ich Morcheln neben noch jungen Schnittstellen fand: „Da hat jemand nicht richtig hingeguckt." Dass dem nicht so sein muss, lehrte mich die Erfahrung.

Das beste Erntestadium

Wie bereits erwähnt, sagt die Größe einer Morchel nichts über ihr Alter aus. Hierzu ein Erlebnis, das schon viele Jahre zurückliegt: Ich war eben daran, kleine Graumorcheln zu ernten, als unverhofft ein Mann neben mir stand und bemerkte: „Was, Sie ernten so kleine Morcheln, die lasse ich ste-

Wachstumsverlauf einer Rundmorchel innerhalb von zwei Wochen

1. So sah der Pilz sechs Tage nach seinem Erscheinen aus, Größe ca. 3,5 cm.

2. Eine Woche später ist die Hutspitze von Maden befallen und die Morchel bereits im Zerfall begriffen. Hier misst der Pilz eben mal 6 cm.

3. Die rostrote Verfärbung von Hut und Stiel dieser anderen Rundmorchel (Größe ca. 4 cm) zeugt vom eingesetzten Alterungsprozess.

Ausgewachsene kleine Rundmorchel (Größe ca. 3,5 cm). Die weiten Waben sind ein Indiz für das abgeschlossene Wachstum.

hen!“ Etwas barsch entgegnete ich: „Nein, Sie lassen sie nicht stehen, Sie zertreten sie!“ Beim schnellen und unvorsichtigen Herannahen hatte er eine Gruppe Morcheln plattgetreten. Etwas kleinlaut entschuldigte er sich für das Versehen und den Fehltritt. Da Pilze gleicher Größe, aber verschiedenen Alters vorhanden waren, konnte ich ihm gut erklären, dass diese Morcheln kaum noch wachsen werden. Ihre Waben waren geöffnet und Hut und Stiel begannen sich teilweise

Die größte von mir in 45 Jahren gefundene Morchel misst 28 cm. Schon Exemplare über 20 cm sind relativ selten.

schon zu verfärben. Zum Abschied bedankte er sich mit der Bemerkung, dass er sich künftig achtsamer verhalten und auch kleinen Morcheln seine Aufmerksamkeit schenken werde. Ganz allgemein kann man sagen, dass die Qualität junger Pilze viel besser ist als die älterer Exemplare. So haben qualitativ hochwertige Steinpilze ein festes und fast weißes Röhrenpolster. Champignons (kleine und große) werden geerntet, wenn der Hut noch kugelig ist und nicht aufgeschirmt hat und auch das Fleisch junger Eierpilze (Pfifferlinge) ist viel fester als das großer Exemplare mit flatterigem Hutrand. Diese Pilze sind also am besten in noch unreifem Zustand und niemand empört sich, wenn sie geerntet werden. Dasselbe gilt auch für die Morcheln.

Ein sich braunorange verfärbender oder gefleckter Stiel weist darauf hin, dass der **Alterungsprozess** begonnen hat.

KURIOSITÄTEN

Nicht selten finden sich bei den Morcheln kuriose Wuchsformen und Missbildungen.

1. Siamesische Zwillinge bei der Rundmorchel

2. Huckepack-Rundmorchel

3. Ausgefallene Hutform einer Rundmorchel

4. Zweistielige Graue Rundmorchel

5. Von oben betrachtet gleicht diese Rundmorchel einer Chrysantheme oder Aster.

6. Fehlbildung bei einer Spitzmorchel

DIE MORCHEL-PIRSCH

Morcheln finden und sammeln

Während die Saison in Berglagen nur wenige Wochen dauert, lassen sich Morcheln in den Niederungen, je nach Witterung, von Februar bis Mai finden. Mit dem Austrieb der Eschenblätter neigt sich die Saison auch hier dem Ende entgegen.

Sind Sie in stark abschüssigem Gelände unterwegs, begehen Sie dieses möglichst von unten nach oben. Die Morcheln lassen sich so einfacher entdecken und Sie sind sicherer unterwegs. Zudem ist hier der Wanderstock eine nützliche Gehhilfe.

Grundsätzlich kann davon ausgegangen werden, dass die Morcheln in südöstlich oder südwestlich exponierten Hanglagen früher fruchtifizieren als in flachem Gelände. Dies ist damit zu erklären, dass hier die Sonnenstrahlen schon früh im Jahr in einem steileren Winkel auftreten und der Boden dadurch stärker erwärmt wird. In der Ebene erzielt auch eine nur wenige Meter hohe Böschung denselben Effekt. Merken Sie sich, wo und wie lange die Morcheln an einem Standort fruchtifizieren (Tagebuch!). Es gibt Standorte, da dauert das Hauptwachstum lediglich eine Woche. Andere Fundstellen bringen bei günstiger Witterung über Wochen immer neue Fruchtkörper hervor.

DIE PASSENDE AUSRÜSTUNG

Als Bekleidung eignet sich ein robuster, atmungsaktiver Stoff in dezenten Farbtönen. Hiermit wirken Sie weniger als Störenfried als in einer grellen Jacke, und manche Begegnung mit einem Auenbewohner kann so zum Erlebnis werden. Robust sollte der Stoff sein, damit er den oft unvermeidlichen Kontakt mit Dor-

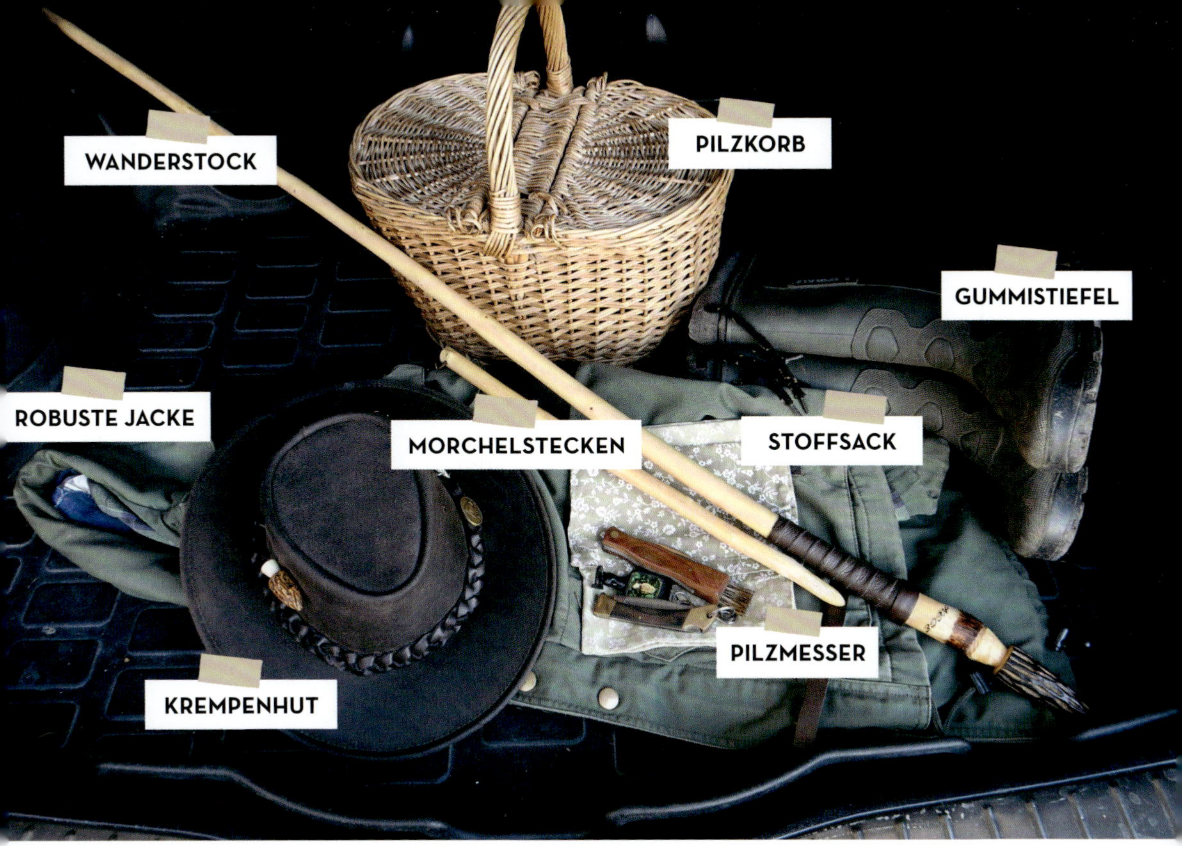

Alles bereit für die Pirsch

nen und Stacheln schadlos übersteht. Ein Krempenhut schützt bei unliebsamen Begegnungen mit Geäst vor Verletzungen. Im Auenwald bietet der Gummistiefel als Schuhwerk optimalen Schutz gegen Feuchtigkeit und Nässe und vor allem auch gegen die unliebsamen Zecken. In der Bergregion ist man der Trittsicherheit wegen mit einem Wanderschuh besser unterwegs.

Pilzmesser und passendes Sammelbehältnis

Ein Klapp- oder spezielles Pilzmesser (ein Küchenmesser birgt erhöhte Verletzungsgefahr) gehört ebenfalls zur Ausrüstung sowie natürlich ein passendes Behältnis. Dies kann ein Pilzkorb oder ein Stoffsack sein. Ich bevorzuge Stoff- oder Leinensäcke. In wenig durchforsteten Waldgebieten mit viel Gestrüpp sind diese nicht so sperrig wie ein Korb, lassen sich leichter handha-

Morchelsuchen verlangt Konzentration und ist für die Augen anstrengend. Sie ermüden und brauchen zwischendurch Erholung. Setzen Sie sich deshalb auch einmal hin. Genießen Sie den Augenblick, die Ruhe und die ganz besondere Stimmung in der Aue. Vieles, oft auch Unbekanntes lässt sich so entdecken und beobachten.

Diese schöne Ernte dokumentiert das große Formen- und Farbspektrum der Rundmorchel.

Wer an einer **Fundstelle** nicht die nötige Sorgfalt walten lässt, zerstört temporär nicht nur ein Stück Vegetation, er schmälert auch seinen eigenen künftigen Erfolg.

ben und verfangen sich auch weniger in Stauden und Geäst. Ganz ungeeignet sind Kunststoff- oder Plastiktaschen. In solchen luftundurchlässigen Behältnissen zersetzt sich das Pilzeiweiß schnell; das Sammelgut verdirbt oder wird sogar giftig. Vor vielen Jahren machte ich diesbezüglich eine schmerzhafte Erfahrung. Um eine schöne Morchelernte nicht den Blicken von Passanten preiszugeben, deckte ich sie unüberlegt auf dem Beifahrersitz mit einer Regenjacke zu. Bei meiner Rückkehr war es dann vorbei mit der Freude über den Fund. Mithilfe von Autoscheibe und Jacke hatte die Sonne ganze Arbeit geleistet und die schönen Morcheln so gegart, dass diese nur noch entsorgt werden konnten.

Morchelstecken

Um die im dichten Bodenbewuchs des Auwaldes oft gut versteckten Pilze zu entdecken, kommt bei den Morchelsammlern vielerorts der Morchelstecken zum Einsatz. Die richtige Handhabung dieses Hilfsmittels ist wichtig. Wer den Morchelstecken gleich einem Blindenstock handhabt, köpft die Morcheln oft, ohne sie zu entdecken. Viele so umgehauene und übersehene Exemplare wanderten schon in meinen Stoffsack. Länger als 50 cm sollte der Stock meines Erachtens nicht sein, da der Ausschlag an dessen Ende sonst zu groß bzw. zu schnell ist. Mir dient er in erster Linie dazu, Brennnesseln, Dornengestrüpp usw. zur Seite zu schieben oder in gebückter Haltung den Bodenbewuchs sachte zu teilen. Der Morchelstecken ist lediglich ein Hilfsmittel und vermag das geübte Auge nicht zu ersetzen.

RICHTIG UND SICHER UNTERWEGS

Konzentrieren Sie sich auf der Suche nach Morchelrevieren auf die nähere Umgebung Ihres Zuhauses. Nur so lassen sich bei günstigem Morchelwetter mögliche Standorte regelmäßig begehen. Das Aufsuchen weit entfernter Morchelgebiete ist weder ökonomisch noch ökologisch empfehlenswert. Meine Morchelreviere erreiche ich alle innerhalb einer halben Autofahrstunde, und oftmals bin ich auch mit dem Fahrrad unterwegs.

Wer erst zur Zeit der Apfelblüte auf die Pirsch geht, verpasst die Hauptzeit der Spitz- und Grauen Rundmorchel.

Morcheln lieben die Geselligkeit

Wenn Sie nach längerer Pirsch endlich eine Morchel im frischen Grün der Anemonen entdecken, zügeln Sie die Begierde, den Fund möglichst rasch in Händen zu halten, sonst zertreten Sie womöglich Ihr eigenes Glück. Bestimmt verstecken sich in der näheren Umgebung noch weitere Exemplare.

Nun heißt es nieder in die Hocke. Den Kopf möglichst tief haltend nehmen wir die Umgebung aus einer Perspektive wahr, die zur Offenbarung werden kann. Aus einer entdeckten Morchel können dann zwei oder drei Dutzend werden.

Wenn Sie mit der Ernte beginnen, tun Sie dies mit Bedacht, und bemühen Sie sich, nicht mehr Spuren als nötig zu hinterlassen. Mancher Morchelplatz hat sich mir schon verraten, nur weil Vorgänger unübersehbare Spuren und leider oft auch zertretene Morcheln hinterlassen haben.

Andere Frühjahrspilze im Morchelrevier

Der Vollständigkeit halber seien hier noch drei weitere Pilzarten – eine giftige Art sowie zwei gute Speisepilze – vorgestellt, die Ihnen bei der Morchelpirsch begegnen können.

1

DIE FRÜHJAHRS-, SPEISE- ODER GIFTLORCHEL

Gyromitra esculenta zählt zwar nicht zur Morchelfamilie, wird jedoch immer wieder als gefährliche Doppelgängerin der Morcheln beschrieben. Einer ihrer Namen, Speiselorchel (*esculenta* = essbar), ist irreführend, zählt sie doch zu den gefährlichsten Giftpilzen. **Roh genossen ist die Frühjahrslorchel tödlich giftig!** Früher jedoch war es üblich, die kostbaren Morcheln durch die billigeren und für den Laien „morchelig" aussehenden Lorcheln zu ersetzen. Frisch, getrocknet oder als Konserve waren sie beliebte Handelsware. Heute ist sie vielerorts vom Markt verbannt, den sowohl das Trocknen, besonders aber das Abkochen, schließen mögliche Vergiftungen nicht aus. Das Gift der Lorchel ist flüchtig. So kam es schon durch das Einatmen der giftigen Dämpfe beim Abkochen zu schweren Vergiftungen und Todesfällen. Dagegen sollen getrocknete Lorcheln giftfrei sein. Jedenfalls wird der Pilz in Skandinavien und Norddeutschland, wo er in den weiten Kiefernwäldern oft als Massenpilz auftritt, bedenkenlos verzehrt.

Dass der Pilz oft als Doppelgänger der Morchel dargestellt wird – auch wenn die Namen noch so ähnlich klingen –,

1. In höheren Lagen findet sich die Frühlorchel in Begleitung der Zirbelkiefer (Arve).

2. Außergewöhnlich: Frühjahrslorchel und Spitzmorchel zur selben Zeit im selben Revier gefunden

Hinweis

Vom Verzehr frisch zubereiteter Lorcheln wird dringendst abgeraten. Wer getrocknete Lorcheln zubereitet, tut dies auf eigene Verantwortung.

2

zeugt von einer oberflächlichen und wenig differenzierten Betrachtungsweise. Der Morchelhut besitzt Waben und Rillen, derjenige der Lorchel jedoch hirnartige Wülste. Zudem beanspruchen die Frühjahrslorchel und die Rundmorchel unterschiedliche Biotope. In den Niederungen bin ich jedenfalls noch nie über eine Giftlorchel gestolpert. Hier kann es höchstens vorkommen, dass man einmal einer Riesenstocklorchel begegnet, die ähnlich aussieht und sich jedoch auch nicht als Speisepilz empfiehlt.
In der Schweiz kommt die Frühlorchel allgemein selten und nur regional häufiger vor. Wer in alpinen Regionen Spitzmorcheln sucht, kann jedoch schon mal einer Lorchel begegnen.

Aussehen

Wie bereits erwähnt, besteht der Hut aus mehr oder weniger deutlich sichtbaren, hirnartigen Wülsten. Die Farbe wechselt von hell- bis dunkelbraun oder violettschwarz. Beim jungen Pilz ist der Hut hell und wird mit zunehmendem Alter dunkler. Der anfangs gelblich weiße Stiel wird im Alter violettgrau. Auch die Größe des Pilzes ist ganz unterschiedlich. Die kleinsten von mir gefundenen reifen Exemplare maßen nur einige Zentimeter. Riesenexemplare können auch mehrere

Judasohren an abgestorbenem Holunderstamm

Hundert Gramm schwer sein. Oft wächst die Frühjahrslorchel auch in dichten Nestern.

JUDASOHR

Dieser Pilz, Ohrlappenpilz oder Ohrenpilz genannt, ist im Handel unter dem Namen „Mu-Err" erhältlich. Das Judasohr *(Auricula judae)* ist ein Schwächeparasit und wächst bei feuchter Witterung vor allem im Winter und Frühjahr an altem und abgestorbenem Laubholz, besonders an Holunderstämmen – deshalb oftmals auch Holunderpilz genannt. Gerade in Auwäldern treffen wir oft noch auf ausgedehnte, alte Holunderbestände. Hier lohnt es sich, den Blick bei der Morchelpirsch auch mal nach oben schweifen zu lassen. Entdecken wir Pilze, so wachsen diese hoffentlich nicht zu hoch am Stamm und entziehen sich so unserem Zugriff. Sind die Arme zu kurz, hilft oft noch ein gegabelter Stecken, um den Pilzen habhaft zu werden. Mithilfe dieses Werkzeugs lassen sie sich relativ einfach vom Stamm abstoßen.

Der Fruchtkörper ist meist muschelförmig, von braunroter Färbung, elastisch und gallertartig, der Geruch etwas erdig, der Geschmack unbedeutend mild. Das Judasohr ist ein klassischer Dörrpilz. Nach dem Einlegen in Wasser quillt es wieder zu seiner ursprünglichen Größe auf. Es erstaunt stets wieder, welche Menge „Frischpilze" eine Handvoll getrockneter Exemplare dieses Pilzes ergeben.

Verwendung in Asien

In der asiatischen Küche erfreut sich das Judasohr großer Beliebtheit. Gekocht ist der Pilz fest und knackig im Biss. Er gilt in der Traditionellen Chinesischen Medizin auch als Vital- und Heilpilz und wird gegen verschiedenste Beschwerden eingesetzt.

Oftmals finden sich auch skurrile, wie von Künstlerhand geschaffene Fruchtkörper.

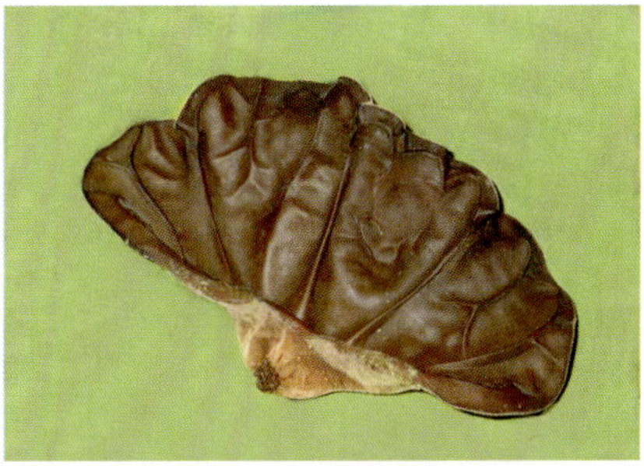

MAIRITTERLING

WARNUNG!
Zur selben Zeit kann man entlang von Waldwegen, in Laubwäldern und Parkanlagen dem sehr giftigen Ziegelroten Risspilz begegnen. Erkennungsmerkmal des Mairitterlings ist jedoch der deutliche Mehlgeruch und das nicht rötende Fleisch.

MAIRITTERLING

Ein weiterer Frühjahrspilz, dem wir vor allem außerhalb der Aue begegnen, ist der Mairitterling *(Calocybe gambosa)*, auch Maipilz oder Georgsritterling genannt. Dieser Frühjahrspilz gehört zu den Blätter- oder Lamellenpilzen. In der noch pilzarmen Jahreszeit liefert er oft eine reiche Ernte.

Schon oft bin ich dem Mairitterling pünktlich am **ersten Maitag** begegnet.

Aussehen

Der Hut ist weißlich, cremefarben bis gelblich, dickfleischig und im Jugendstadium eingerollt. Er erreicht einen Durchmesser von über 10 cm. Der Stiel ist dick, kräftig und faserig. Sein Geschmack erinnert an Mehl oder Gurken – er verliert sich beim Kochen.

Vorkommen

Der Maipilz ist wie die Morcheln kalkliebend. Wiesen, Wald- sowie Wegränder, Parkanlagen, Hecken und Feldgehölze sind seine bevorzugten Standorte. Oft bildet er Hexenringe oder erscheint in großen Nestern. Seines häufigen Vorkommens wegen ist er beliebt. Er erscheint vom Frühjahr bis in den Frühsommer.

Zeigerpflanzen

Nicht nur Bäume und Sträucher, sondern auch verschiedene Blütenpflanzen geben uns Hinweise auf ein mögliches Morchelvorkommen.

Eine Garantie dafür, dass sich beim Vorkommen der Zeigerpflanzen auch Morcheln finden lassen, gibt es nicht. Oft sind die Morchelstandorte recht kleinräumig. Auch wenn Bodenbeschaffenheit und Vegetation stimmen, lassen sich die Morcheln oft nur an ganz bestimmten, ihnen besonders zusagenden Stellen finden. Einzelne der aufgeführten Zeigerpflanzen können je nach Region mehr oder weniger häufig vorkommen oder ganz fehlen.

RUNDMORCHEL-HABITAT

Der Waldboden verwandelt sich im Frühjahr im typischen Rundmorchel-Habitat – in Auen, lichten Laubwäldern, Hecken und Feldgehölzen – in einen wahren Blütenteppich. Die Natur greift hier geradezu verschwenderisch in die Farbtöpfe, und überall recken die Frühblüher ihre bunten Köpfchen der wärmenden Sonne entgegen. Die wichtigsten Zeigerpflanzen für Rundmorcheln finden Sie auf den Seiten 78 bis 81. Sie sind in etwa entsprechend ihrer Hauptblütezeit aufgelistet. So blüht der Seidelbast oft schon im Februar, während das Männliche Knabenkraut erst Ende April erscheint.

SPITZMORCHEL-HABITAT

Im typischen Spitzmorchel-Habitat treffen wir auf eine andere, den alpinen Gegebenheiten und Witterungsverhältnissen angepasste Flora. Die meisten der aufgeführten Zeigerpflanzen mögen, wie die Morcheln auch, kalk- und humusreichen Boden. Die Seiten 82 bis 85 beinhalten eine kleine Auswahl von Pflanzen, die auf ein mögliches Morchelvorkommen schließen lassen. Auch hier sind die Pflanzen entsprechend ihrer Hauptblütezeit aufgelistet. So blüht zuerst der Krokus, gegen Ende der Saison öffnet die Feuerlilie ihre prächtige Blüte.

Habitat der Spitzmorchel

HIER WACHSEN
RUNDMORCHELN

RUNDMORCHEL-ZEIGERPFLANZEN

ECHTER SEIDELBAST

— *Daphne mezereum*

WUCHS Bis zu 1,50 m hoher Strauch mit grauer Rinde.

BLÜTE Die rosa Blüten erscheinen vor dem Austrieb der Blätter, oft schon im Februar, und sind stark duftend.

VORKOMMEN In Laubmischwäldern, Auwäldern, auf kalkhaltigen, nährstoffreichen, feuchten und humosen Böden.

BUSCH-WINDRÖSCHEN

— *Anemone nemorosa*

WUCHS Bis zu 10 bis 25 cm hohe Pflanze mit handförmig geteilten Blättern, wächst flächendeckend.

BLÜTE Weiß bis rötlich violett.

VORKOMMEN In lichten Laubwäldern, Auen, Hecken und Gebüschen. Kommt oft zusammen mit dem etwas weniger häufigen Gelben Windröschen vor.

ZWEIBLÄTTRIGER BLAUSTERN

— *Scilla bifolia*

WUCHS 10 bis 20 cm hohe Zwiebelblume.

BLÜTE Sternförmige Blüten im März/April.

VORKOMMEN Auf nährstoffreichen, feuchten und humosen Böden, bevorzugt an warmen Plätzen. Er kommt eher selten vor, an seinen Standorten dann aber meist in größeren Mengen.

LEBERBLÜMCHEN

— *Hepatica nobilis*

WUCHS Bis zu 15 cm hohe Pflanze mit zahlreichen dreilappigen, leberförmigen Grundblättern.

BLÜTE Einzeln auf langen, behaarten Stängeln.

VORKOMMEN Die kalkliebende Blume wächst in Laubwäldern und Gebüschen – nicht häufig, jedoch meist in größeren Beständen.

HUFLATTICH

— *Tussilago farfara*

WUCHS Zur Blütezeit im März/April ist die Pflanze ohne Blätter, nur mit Blattschuppen am Stängel. Die Blätter wachsen erst am Ende der Blütezeit.

BLÜTE Einzeln als Körbchen auf dem Stiel.

VORKOMMEN Sehr häufig auf unbewachsenem Boden an Wegen, Dämmen, Schuttplätzen und Bächen.

ECHTES LUNGENKRAUT

— *Pulmonaria officinalis*

WUCHS Bis zu 30 cm hohe Pflanze.

BLÜTE Während der Blütezeit von März bis Juni wechselt die Farbe von Rosarot zu Blauviolett.

VORKOMMEN Zerstreut in Laubmischwäldern und Gebüschen, in höheren Lagen, im Spitzmorchelrevier auch in Begleitung von Nadelbäumen.

RUNDMORCHEL-ZEIGERPFLANZEN

WINTER-SCHACHTELHALM

— *Equisetum hyemale*

WUCHS Die immergrüne Pflanze kann bis über 1m hoch werden.

VORKOMMEN Große Bestände findet man ganzjährig in Auwäldern, Gebüschen und an Waldrändern auf wechselfeuchten, nährstoffreichen Böden. Zu dichtes Wachstum verhindert ein Morchelvorkommen.

HOHLER LERCHENSPORN

— *Corydalis cava*

WUCHS Bis zu 30 cm hohe krautige Pflanze.

BLÜTE Vielblütige Traube mit violetten oder weißen Blüten, welche nur schwach riechen.

VORKOMMEN Bevorzugt in Buchenwäldern, Auwäldern und Hecken. Er findet sich zerstreut, erscheint jedoch örtlich in größeren Beständen.

GEFLECKTER ARONSTAB

— *Arum maculatum*

WUCHS Die Pflanze kann bis zu 50 cm hoch werden.

BLÜTE & FRUCHT Der Blütenstand (Kolben) ist von einem bis zu 25 cm langen, gelbgrünen Hochblatt umhüllt. Im Herbst sind die reifen Früchte leuchtend rot.

VORKOMMEN Häufig auf kalkhaltigen, feuchten und humosen Böden in Laub-, Misch- und Auwäldern.

WALD-BINGELKRAUT

— *Mercurialis perennis*

WUCHS Bis 40 cm hoch, mit gegenständigen Blättern.

BLÜTE Es gibt männliche und weibliche Pflanzen (zweihäusig). Die Blüten beider Geschlechter sind unscheinbar gelblichgrün (April/Mai).

VORKOMMEN Buchen-, Laubmisch- und Auenwälder, auf humosen, nährstoffreichen und kalkhaltigen Böden.

SALOMONSSIEGEL

— *Polygonatum multiforum*

WUCHS Bis zu 70 cm hohe giftige Pflanze. Die eiförmigen Blätter stehen wechselständig.

BLÜTE Glockige, geruchlose, weiße bis grünliche Blüten zu zweit bis fünft in den Blattachseln – von Mai bis Juni.

VORKOMMEN Vor allem an humusreichen Standorten in Auen und Laubmischwäldern.

MÄNNLICHES KNABENKRAUT

— *Orchis mascula*

WUCHS Diese Orchidee wird bis zu 60 cm hoch.

BLÜTE Eine der am frühesten blühenden Orchideen. Die Hauptblütezeit reicht von Ende April bis Ende Mai.

VORKOMMEN Die in voralpinen Regionen verbreitetste *Orchis*-Art liebt lichte Wälder, sonnige Hecken und Wiesen auf Kalkboden.

SPITZMORCHEL-ZEIGERPFLANZEN

FRÜHLINGS-KROKUS

— *Crocus albiflorus*

WUCHS Bis zu 15 cm hohe Knollenpflanze.

BLÜTE Vielerorts mehrheitlich in Weiß, andernorts mehr in Blauviolett.

VORKOMMEN Auf kalkhaltigen, feuchten Wiesen und Matten erscheinen die Krokusse schon kurz nach der Schneeschmelze in großer Zahl.

FRÜHLINGS-KÜCHENSCHELLE

— *Pulsatilla vernalis*

WUCHS 5 bis 15 cm hohe krautige Pflanze.

BLÜTE Schon kurz nach der Schneeschmelze öffnet sie ihre Blüten, je nach Lage von April bis Juni.

VORKOMMEN Nur örtlich noch häufiger, zählt zu den bedrohten Arten. Auf gedüngten Weiden ist sie, wie viele andere Blumen auch, verschwunden.

ALPENGLÖCKCHEN, SOLDANELLE

— *Soldanella alpina*

WUCHS Das zarte Blümchen wird ca. 15 cm groß.

BLÜTE Die zarten, lila Blüten läuten in höheren Lagen den Frühling ein.

VORKOMMEN Zerstreut auf kalk-, nährstoffreichen und feuchten Böden bis auf 3000 m ü. M. An seinen Standorten gedeiht es oft auch in größeren Beständen.

PRACHT-PRIMEL

— *Primula spectabilis*

WUCHS Bis zu 5 cm hohe Pflanze mit Rosetten.

BLÜTE Kräftig rote große Blüten in Dolden, im April/Mai.

VORKOMMEN Nur zerstreut und selten in größerer Anzahl, vor allem in den Südalpen in Höhen von 800 bis 2200 m ü. M., liebt Felsspalten und steinige, nicht zu trockene Matten auf kalk- und humusreichen Böden.

MEHL-PRIMEL

— *Primula farinosa*

WUCHS 5 bis 20 cm hohe Pflanze mit rundständiger Rosette, Blattunterseiten mit mehligem Belag.

BLÜTE Rosa Einzelblüten in Dolden.

VORKOMMEN Zerstreut auf kalkhaltigen und feuchten bis mäßig trockenen Böden und Felsspalten, bis in Höhen von 2700 m ü. M.

WEISSER STENGELLOSER ENZIAN

— *Gentiana acaulis*

WUCHS 5 bis 10 cm hohe rosettenbildende Staude.

BLÜTE Blau. Ursache der weißen Farbe dieser Varietät ist eine Störung in der Farbpigmentbildung, die zu weißen Blüten mit leicht hellblauem Hauch führt.

VORKOMMEN Sehr seltene Begegnung im alpinen Morchelrevier.

SPITZMORCHEL - ZEIGERPFLANZEN

LANGSPORNIGES VEILCHEN

— *Viola calcarata*

WUCHS 5 bis 10 cm hohe krautige Pflanze mit Blattrosette.

BLÜTE Dunkelviolett, seltener in Weiß oder Hellgelb, von Mai bis in den August.

VORKOMMEN Zerstreut in Höhenlagen ab ca. 1500 m ü. M., auf steinigen, nährstoffreichen, aber auch kalkarmen Matten und Schutthalden.

LUNGENKRAUT

— *Pulmonaria*

WUCHS Bis zu 30 cm hoch.

BLÜTE In höheren Lagen mehrheitlich dunkelblaue Blüten, erst von Mai bis Juli.

VORKOMMEN In höheren Lagen auf Wiesen, an Waldrändern und im lichten Bergföhrenwald. Es gibt mehrere schwer unterscheidbare Arten.

FRÜHLINGS-ENZIAN

— *Gentiana verna*

WUCHS Bis zu 15 cm hohe Pflanze mit grundständigen Blättern in einer Rosette.

BLÜTE Leuchtend blau, zwischen April und August.

VORKOMMEN Auf kalkhaltigen, steinigen und ungedüngten, humosen Böden, er liebt Matten und Zwergstrauchgebüsche.

SCHNEEWEISSE PESTWURZ

— *Petasites paradoxus*

WUCHS Bis zu 60 cm hoch, mit großen, dreieckigen Blättern, die sich erst während der Blüte entwickeln.

BLÜTE Weißlich rötliche Blütenköpfe.

VORKOMMEN Bis auf 2000 m ü. M. häufig, bevorzugt auf kalkhaltigen Böden, Bachschotter, feinerdigen Stellen zwischen Felsen, auf Geröll und Schutthalden.

GESTREIFTER SEIDELBAST

— *Daphne striata*

WUCHS Zwergstrauch, selten größer als 30 cm.

BLÜTE Rosafarben, duftend, von Mai bis Juli.

VORKOMMEN In Höhen von 900 bis 2200 m ü. M., auf kalkreichen, feuchten Böden, steinigen Weiden und Bergföhrenwäldern. Nicht häufig, regional aber auch in größeren Beständen.

FEUER-LILIE

— *Lilium bulbiferum*

WUCHS Bis zu 60 bis 80 cm hohes Zwiebelgewächs.

BLÜTE Orangerot von Mai bis Juli.

VORKOMMEN Auf Bergwiesen, Wald- und Gebüschrändern in warmer, sonniger Lage auf nährstoffreichem, kalkhaltigem Boden. Vorzugsweise im südlichen Alpenraum, in Höhen bis zu 2400 m ü. M.

Suchbilder

Gut getarnt

Oft hört man den Ausspruch: „Morchelsuchen ist nichts für mich; ich sehe die Morcheln nicht.“ Wer nach zwei oder drei erfolglosen Morcheltouren mit der Pirsch aufhört, gibt seinem Sehsinn jedoch auch nicht die Möglichkeit, sich auf die Morchel zu konditionieren.

GEWISS, ES HAT SEINE TÜCKEN, diese erstklassige Tarnkünstlerin zu entdecken, die sich farblich oft geradezu phänomenal an die Umgebung anzupassen oder in der Vegetation zu verstecken vermag. Sie versteht es wie kaum ein anderer Pilz, sich unseren Blicken und unserem Zugriff zu entziehen. Bei aller Bewunderung ob dieser Fähigkeiten, mit etwas Geduld, Übung und Beharrlichkeit lässt sie sich trotzdem in oft erfreulicher Anzahl finden, denn das Entdecken dieser „Tarnkünstlerin“ ist lernbar. Wer nicht unter einer Sehbehinderung leidet, ist in der Lage, diese Köstlichkeiten zu finden. Ist dem noch Unerfahrenen das Glück hold, sollten die ersten gefundenen Exemplare, bevor man zum Messer greift, in Muße betrachtet werden. Das Auge soll das Bild der Morcheln in ihrer natürlichen Umgebung in Ruhe aufnehmen und den grauen Zellen zur Verarbeitung und Prägung übermitteln. Auge und Hirn lassen sich so auf die Morchel konditionieren. Mit fortschreitender Übung ist unser Hirn in der Lage, auch nur ein Fragment des Pilzes als Morchel zu identifizieren.

Übung macht den Meister

Zu welchen Sehleistungen wir bei entsprechender Übung fähig sind, dokumentieren die nachfolgenden sechs Suchbilder. Diese können auch als Vorbereitung für die erste Morchelpirsch der neuen Saison dienen.
Bei der Auswahl der Bilder wurde bewusst darauf geachtet, dass die Pilze nicht als Ganzes wahrgenommen werden. Die Aufnahmen wurden so geschossen, wie das Auge des Sammlers die Morcheln entdeckte. Um das Finden zu erleichtern, wurde beim Bearbeiten ein vergleichsweise kleiner Bildausschnitt gewählt. Im Morchelrevier fokussieren wir jedoch nicht auf einen so engen Blickwinkel. Im weiten Gesichtsfeld müssen unsere Augen sofort in der Lage sein, das oft nur minimal einsehbare Objekt als Morchel zu erkennen. Wie in der Natur auch, ist der Schwierigkeitsgrad auf den Bildern unterschiedlich und die Morcheln befinden sich in verschiedener Umgebung. Sollten Sie bei allem Bemühen trotzdem nicht fündig werden, finden Sie die Lösungen auf den jeweils nachfolgenden linken Seiten, wenn Sie umblättern.

SUCHBILD 1

Diese Rundmorchel versteckt sich unter einem Aronstab.

SUCHBILD 2

Nicht leicht auszumachen ist diese Rundmorchel im lichten Efeubewuchs.

SUCHBILD 3

Gut getarnt zwischen Busch-Windröschen findet sich eine Gruppe Graue Rundmorcheln.

SUCHBILD 4

Diese Spitzmorchel versucht, sich zwischen Falllaub und Windröschen dem Zugriff zu entziehen.

SUCHBILD 5

Diese große Rundmorchel ist im dürren Gras zwischen dem Giersch nur schwer zu entdecken.

SUCHBILD 6

LÖSUNG 6

Da versteckt sich eine Spitzmorchel aus der Bergregion im Grasbewuchs.

Hier entdecken wir sechs zwischen Brennnesseln versteckte Rundmorcheln.

Tierische Begegnungen

Auf unseren Pirschgängen begegnen wir hin und wieder Wildtieren – von Reh über Fuchs und Hase bis hin zu kleinen Nagern. In Berggebieten ist das Zusammentreffen mit einem Hirsch oder Steinbock ein ganz besonderes Erlebnis.

Der Kuckuck kommt als Frühlingsbote in allen Waldgesellschaften vor – von den Niederungen bis zur Baumgrenze. Oft können wir ihn hören, bekommen ihn jedoch nur selten zu Gesicht.

Wer mit dem Fernglas unterwegs ist, kann mit diesem gelegentlich nicht nur Morcheln ausmachen, sondern auch scheue Auen- und Waldbewohner greifbar erleben.

VÖGEL

Wer ornithologisch etwas bewandert ist, wird in Auengebieten noch Vögel antreffen bzw. hören, die in urbanen Gebieten nicht vorkommen, wie Kuckuck, Nachtigall, Pirol, Schnepfe und viele andere. Wenn wir im alpinen Morchelrevier vor unseren Füßen ein Birkhuhn aufscheuchen, das ebenso gut getarnt wie die von uns gesuchten Morcheln auf seinem Gelege sitzt, kann uns das einen gewaltigen Schrecken einjagen. In der Schweiz leider selten geworden ist das Auerhuhn. Ich selbst hatte noch nie das Glück, diesem größten heimischen Raufußhuhn zu begegnen. Der Grund hierfür ist wohl, dass ich zu selten in dessen Habitat unterwegs bin. Aber auch ohne Auerhuhn gibt es für den ornithologisch Interessierten im alpinen Revier nicht alltägliche Begegnungen mit verschiedensten Vögeln. So entdecken wir in den Wipfeln den Fichtenkreuzschnabel und den Gimpel (Dompfaff), und mit lauten Rufen warnt der Tannenhäher andere Waldbewohner vor unserem Herannahen.

In Auen zu Hause

1

2

1. Der Pirol ist ein typischer Auenbewohner. Das Männchen mutet exotisch an, das Weibchen ist unscheinbar grüngrau gefärbt. Sein hängendes Nest baut es in einer Astgabel, hoch oben in einer Baumkrone.

2. Der Tannenhäher gehört zu den Rabenvögeln. Er lebt im Bergnadelwald. Mit seiner Eigenart, Samen als Wintervorrat zu verstecken, ist er ein Garant für den Fortbestand des Bergnadelwaldes. Sein lauter Warnruf ist unüberhörbar.

Selten und wunderschön

Der Apollofalter lebt in Gebieten mit Felsspalten, in denen der Weiße Mauerpfeffer, die Nahrungspflanze seiner Raupen, wächst.

INSEKTEN

Auch die Vielfalt der Insekten, die wir auf ungedüngten Bergwiesen noch beobachten können, ist beeindruckend. Mit Glück begegnen wir hier sogar dem selten gewordenen Apollofalter.

SCHLANGEN

Nun gibt es aber auch Begegnungen, die sich viele Menschen nicht wünschen und vor denen sie sich fürchten. Eine angeborene Abneigung vor allem, was da kriecht, kennt so manche/r. Besonders Schlangen werden von vielen Menschen gefürchtet. Im Morchelrevier leben nun aber auch mal Reptilien, beispielsweise Schlangen oder Echsen, und Amphibien wie Frösche, Kröten, Unken, Molche und Salamander.

Ringelnatter

Wer oft in der Aue unterwegs ist, wird also unvermeidlich einmal der Ringelnatter begegnen. Diese harmlose, ungiftige Schlange kann bis zu 1,5 m lang werden. Sie lebt gerne in Gewässernähe und ernährt sich vor allem von Amphibien und kleinen Fischen.

Kreuzottern

In den Mittelgebirgen und im Alpenraum kommen örtlich Kreuzottern vor. Diese Giftschlangen aus der Familie der Vipern erreichen eine Länge

von ca. 80 cm und ernähren sich von Kleinsäugern, Echsen und Amphibien – sie sind nicht darauf aus, Menschen zu beißen. Dies tun sie nur, wenn sie in die Enge getrieben werden und die Distanz für eine Flucht zu gering ist bzw. die Zeit nicht reicht. Schlangenbisse von Kreuzottern sind für Erwachsene meist ungefährlich, Kinder benötigen allenfalls ein Gegengift. Allgemein entfaltet das Gift erst nach mehreren Stunden seine volle Wirkung. Bei einem Biss gilt es erst einmal, Ruhe zu bewahren. Die Bissstelle ist zu desinfizieren und ruhig zu stellen. Dann sollte man baldmöglichst einen Arzt aufsuchen und sicherheitshalber für 24 Stunden überwacht werden.
Schlangen reagieren empfindlich auf Erschütterungen, und viele Zusammentreffen nehmen wir meist gar nicht wahr, weil diese Tiere in ihrem Versteck verschwunden sind, bevor wir sie bemerkt haben.

Keine Angst!

Abneigung gegen Schlangen ist verständlich, Angst bei richtigem Verhalten jedoch unbegründet.

Schlangen

1. Die harmlosen Ringelnattern leben in der Nähe von Gewässern.

2. Die selten mehr als 80 cm langen Kreuzottern stellen trotz ihrer Giftigkeit keine ernsthafte Gefahr dar. Im Gegenteil: Man sollte sich freuen, wenn man die scheuen Tiere zu Gesicht bekommt.

1

2

Naturschutz

Der Pilzsammler, der nicht nur daran interessiert ist, möglichst schnell den Korb zu füllen, wird sich auch mit Natur- und Pilzschutzfragen beschäftigen und bestrebt sein, im Rahmen seiner Möglichkeiten zum Erhalt sensibler Lebensräume beizutragen.

1

Bemühen wir uns, bei unseren Aktivitäten in Feld und Wald möglichst wenig Spuren zu hinterlassen! Insbesondere gilt dies, wenn wir uns in Gebieten bewegen, die nicht forstwirtschaftlich genutzt werden. Leider wurden viele der noch zu Beginn des letzten Jahrhunderts vorhandenen Auen und Feuchtgebiete Opfer des Bau- und Wirtschaftsbooms. Es ist davon auszugehen, dass ein Großteil dieser ökologisch wertvollen Gebiete mit staatlicher Genehmigung zwecks Urbanisierung und landwirtschaftlicher Nutzung zerstört wurden. Heute hat ein Umdenken stattgefunden. Die wenigen noch vorhandenen ursprünglichen Auen stehen vielerorts unter mehr oder weniger strengem Schutz. Wenn es darum geht, diese Gebiete vor menschlichen Eingriffen zu bewahren (Bau-, Forst- und Landwirtschaft) ist dies sicher unterstützenswert. Vielerorts jedoch hat sich die Einstellung bezüglich Auenschutz geradezu ins andere Extrem gewandelt. Immer mehr der vor einigen Jahren noch zugänglichen Auengebiete werden mit einem Betretungsverbot belegt, d. h. Wanderwege dürfen nicht verlassen werden und das Sammeln von Pilzen, Beeren und anderen Früchten ist untersagt. Da ich die mir bekannten Auen seit Jahrzehnten bezüglich ihrer Entwicklung ganzheitlich betrachte, entgehen mir auch

In Mitteleuropa steht keine Morchelart unter Naturschutz oder auf der Roten Liste.

Gesunder Auenwald – ein perfektes Morchelrevier

etliche Veränderungen nicht. So beobachtete ich das Eschentriebsterben lange bevor es in den Medien präsent wurde. Was das Begehen der Auen durch Pilzsammler betrifft, kann ich jedoch keine nachhaltigen Veränderungen oder Schädigungen beobachten. Die verursachten Trittschäden sind temporärer Natur und betreffen meist nicht bedrohte Arten wie Bingelkraut, Busch-Windröschen oder Schachtelhalm. Zudem werden außerhalb der Morchelsaison die Auen kaum mehr begangen. Für die Abnahme gewisser Tier- und Pflanzenarten sind andere Faktoren verantwortlich. Mit oben beschriebenen Maßnahmen bestraft man diejenigen, die für das Verschwinden der wertvollen Auen keine Schuld tragen. Mit dem Bevölkerungswachstum hat der Druck auf diese letzten noch verbliebenen Refugien zugenommen, und die Natur wird oft konsumiert ohne jegliches Verständnis für diesbezügliche Vorgänge. Die Förderung des Bewusstseins für einen respekt- und verantwortungsvollen Umgang mit der Natur und deren Ressourcen tut not. Familie und Schule stehen hier in der Pflicht und haben eine Vorbildfunktion, bestimmt kein leichtes Unterfangen bei dem großen Outdoor-Freizeitangebot, bei welchem die Natur vermehrt unter Druck gerät. Da ist der Erlass stets neuer Verbote und

2

1. Auenwald vor dem Abholzen

2. Auenwald nach dem Abholzen. In einem dermaßen „hingerichteten" Auengebiet werden sich über Jahre kaum mehr Morcheln finden lassen.

Oft finden sich die Morcheln direkt am Wegesrand.

Hinweis
Wir sollten darauf achten, bei der Suche nach Morcheln in Feld und Wald möglichst wenig Spuren zu hinterlassen. In ausgewiesenen Naturschutzgebieten darf nicht gesammelt werden.

Vorschriften wesentlich einfacher. Erschreckend ist die Feststellung, wie die Forstwirtschaft in letzter Zeit vielerorts nicht geschützte auwaldähnliche Ufergehölze und auf weiten Strecken Uferböschungen kahl holzt. Solche Eingriffe werden dann oftmals sogar als Hegemaßnahme deklariert. Verständlich, wenn sich da bei vielen Menschen Frustration, Unverständnis und Wut breitmachen. Durch solche und andere strukturelle Eingriffe wurden viele vormalige Morchelstandorte für Jahre oder gar unwiederbringlich zerstört.
Nicht zu unterschätzen sind auch die Auswirkungen der Landwirtschaft auf das Pflanzen- und Pilzvorkommen. Diese bringt vor allem der großflächige Einsatz von Dünge- und Pflanzenschutzmitteln in Bedrängnis. Entlang kleiner Gewässer, die durch intensiv genutztes Landwirtschaftsgebiet fließen und an denen vormals Morcheln in großer Zahl vorkamen, sucht man diese heute vergebens. Leider stehen wir Pilzfreunde all diesen beschriebenen negativen Einflüssen meist macht- und sprachlos gegenüber.

PILZSCHUTZ

Wie beschrieben sind vor allem strukturelle Eingriffe ins Ökosystem und die Bedürfnisse unserer Konsum- und

Rundmorchelgruppe zwischen Busch-Windröschen

1

1. Vor dem Blattaustrieb erwärmt die Sonne den Waldboden.

2. Ufergehölze sind stets zu beachten – hier ein Spitzmorchelstandort im Habitat der Rundmorchel.

Wachstumsgesellschaft für den Niedergang oder gar das Verschwinden vieler Pflanzen- und Tierarten verantwortlich. Hiervon bleiben auch die Pilze nicht verschont. Besonders die moderne, nach rein wirtschaftlichen Kriterien betriebene Forstwirtschaft hinterlässt große Narben, zu deren Heilung es oft Jahrzehnte bedarf. So werden vielerorts bislang unberührte Gebiete zugunsten der Waldbewirtschaftung erschlossen. Sicher beeinflussen auch die Klimaerwärmung und saure Niederschläge das Pilzvorkommen und tragen zu Veränderungen bei.
Angesichts dieser negativen Einflüsse auf die Pilze und deren Artenvielfalt sind die vielerorts geltenden Sammelvorschriften nur von kosmetischem Charakter und haben keinen nennenswerten Einfluss auf das Pilzwachstum bzw. auf das -vorkommen. So konnte in Langzeitstudien nachgewiesen werden, dass Schonzeiten Wachstum und Verbreitung kaum wesentlich beeinflussen und Sammelbeschränkungen in erster Linie einer gerechten Verteilung dienen. Bei verantwortungsbewusstem und korrektem Ernten (nicht ausreißen!) der Pilze erfreuen uns diese an ihren Standorten über Jahre mit ihrem Erscheinen – bis die Forst- oder Baumaschinen auffahren.

PILZKONTROLLEN

Vielerorts gibt es Pilzkontrollstellen, bei denen man die Ernte auf mögliche giftige oder ungenießbare Pilze überprüfen lassen kann. Da das Pilzesammeln in den letzten Jahren einen richtigen Boom erlebt, zu einem „Freizeitvergnügen" für die ganze

Familie geworden ist und auch Laien ohne kundige Begleitung Pilze sammeln gehen, werden diese Kontrollstellen rege aufgesucht, um sich eine giftfreie Pilzmahlzeit zu sichern. Noch um die Mitte des vorigen Jahrhunderts gab es kaum öffentliche Kontrollstellen. Pilzsammler waren genötigt, sich Grundkenntnisse bezüglich der wichtigsten essbaren und giftigen Pilze selbst anzueignen. Heute, im Zeitalter der Pilzkontrollen, kann man sich das mühsame Erwerben dieses Wissens ersparen – das Resultat hiervon: Abfalleimer voller ungenießbarer und giftiger Pilze. Leider sind es aber gerade die Pilzkontrollstellen, welche diesem Trend Vorschub leisten. Sinn und Zweck der Pilzkontrollen sollte eigentlich sein, einzelne ungenießbare oder giftige Pilze aus dem Sammelgut zu entfernen. Heute sind sie jedoch zu Entsorgungsstellen für Tonnen von nicht genießbaren Pilzen geworden. Es gibt ehemalige Pilzkontrolleure, die dieses Missstandes wegen die Kontrolltätigkeit aufgegeben haben. Mit dem Erheben einer Gebühr für entsorgte Pilze ließe sich diesen unvernünftigen Sammelaktivitäten sicher entgegenwirken.

Große Spitzmorcheln aus dem Rundmorchelrevier

MORCHELN VERARBEITEN UND LAGERN

GROSSE ERNTE

Kleine Graue Rundmorcheln in bester Qualität

Nach der Ernte

Die kostbaren Pilze verdienen es, nach ihrer Ernte besonders sorgfältig behandelt zu werden, wollen wir diese, sofern sie noch jung und frisch sind, doch möglichst unversehrt mit nach Hause nehmen.

Groben Schmutz, Schnecken und Madenfraß entfernen wir gleich nach dem Abschneiden oder Ausdrehen (nicht Ausreißen!) noch draußen in der Natur.

FEINREINIGUNG

Zu Hause werden die Waben und der hohle Fruchtkörper mithilfe einer Bürste und einer Stricknadel (für Schnecken im Innern des Hutes) von noch vorhandenen Verunreinigungen wie Erde, Sand, Insekten oder Schnecken befreit.
Um das Innere der Hüte zu reinigen, falls dies überhaupt nötig ist, entfernen wir die Stiele. Diese lassen sich genauso verwerten wie die Morchelhüte. Ich ziehe es jedoch vor, sie zu Pulver zu verarbeiten. Sie ergeben eine vortreffliche Würze. Für Gerichte verwende ich nur die Hüte, denn bei Verwendung der Stiele muss eine gewisse Qualitätseinbuße hingenommen werden.
Bei Morchelgerichten ist auch deren Präsentation von besonderer Bedeutung. Die Morchel gilt wegen ihres hervorragenden Geschmacks in der gehobenen Küche als „Königin der Speisepilze“ und verdient es, entsprechend präsentiert zu werden. Trotzdem ist sie roh genossen gesundheitsschädigend und giftig. Dies gilt übrigens für fast alle Speisepilze.

TROCKNEN

Morcheln sind klassische Dörrpilze, und die beste Konservierungsmethode ist das Trocknen.

Nicht roh verzehren!

Vom Rohgenuss von Pilzen sollte unbedingt abgesehen werden. Eine der wenigen Ausnahmen bildet der Champignon (Feld- und Zuchtchampignon).

Die Morcheln lassen sich an der Luft – hierzu fädelt man sie am besten auf – oder in einem Dörrautomaten trocknen. Wichtig ist, dass man die Pilze erst in luftdicht verschließende Gefäße füllt, wenn sie vollständig durchgetrocknet sind, da sonst die Gefahr besteht, dass sie verderben.

Oft wird empfohlen, die Morcheln, je nach Größe, vor dem Dörren zu halbieren oder entsprechend zu zerkleinern. Hiervon rate ich ab, denn einmal zerstückelt lassen sich die größeren Exemplare nicht mehr zum Füllen und kleinere Exemplare nicht mehr dekorativ verwenden. Im Handel werden die Pilze stets ganz und meist ohne Stiel angeboten. Je nach Bedarf lassen sich die Morcheln nach dem Einweichen immer noch passend zerkleinern. Exemplare jedoch, bei denen ohnehin Schnecken- oder Madenfraß entfernt werden muss, schneidet man am besten gleich in passende Stücke.

LAGERUNG

In guten Jahren, in denen man sich einen entsprechenden Vorrat anlegen kann, empfiehlt es sich, die Morcheln nach Sorte und Größe getrennt zu la-

Rundmorchel-Hüte bereit zum Dörren

Gut vor Feuchtigkeit geschützt, in luftdichten Behältnissen, egal ob hell oder dunkel gelagert, sind getrocknete Morcheln über Jahre haltbar. In diesem Glas lagern große, zum Füllen gedachte Spitzmorcheln.

Nach Meinung vieler Gourmets entfalten die Morcheln erst nach dem Trocknen ihr **volles Aroma**. Frisch zubereitet sind sie geschmacklich weniger intensiv.

gern. Auf diese Weise hat man die Pilze, je nach Bedarf, stets in passender Größe zur Verfügung, ohne sie vor dem Zubereiten erst aussortieren zu müssen. Bruchstücke werden ebenfalls getrennt aufbewahrt.

VERWENDUNG

Bruchstücke schmecken genauso gut wie ganze Pilze. Sie eignen sich besonders für Terrinen, Pasteten, Saucen und Suppen. Bei den beiden Letzteren empfiehlt es sich, stets noch einige ganze, kleinere Pilze beizugeben, dadurch erhält das Gericht eine zusätzliche optische Aufwertung. Die kleinsten Exemplare – ich nenne sie „Delikatess-Mörcheli" – eignen sich hervorragend als Füllung für Mini-Pastetchen. Mittlere unversehrte Pilze sind vielseitig verwendbar; zum Zerkleinern oder gar Zerhacken sind sie jedoch zu schade. Ähnlich verhält es sich mit „Mega-Morcheln". Sind diese von einwandfreier Qualität, ist es schade, sie zu zerkleinern, wirken sie in passende Stücke zerlegt doch nicht besonders attraktiv. Solche Morcheln sind geradezu prädestiniert zum Füllen. Diese Zubereitungsart ist absolut das Beste, das man diesen Pilzen angedeihen lassen kann.
Auf dem Markt bezahlt man für „Mega-Morcheln" und kleine, qualitativ einwandfreie Exemplare die höchsten Preise. Grund genug also, solche Morcheln für besondere Anlässe und Ereignisse zu reservieren.

Rezepte

Beim Zubereiten von Morchelgerichten und dem Entwickeln neuer Rezepte eröffnet sich dem Hobbykoch ein breites Betätigungsfeld. Selbst kreierte Gerichte tragen stets eine ganz persönliche Note und bereiten eine besondere Freude.

Welche Morchelart die geschmacklich wertvollste ist, wird immer wieder diskutiert. Die diesbezüglichen Ansichten und Meinungen sind so verschieden wie die Morcheln selbst. Oft wird die Halbfreie Morchel als unergiebig und weniger wertvoll als die Rund- und Spitzmorchel bezeichnet. Unergiebig mag zutreffen, wenn von der langstieligen Form mit kleinem Käppchen die Rede ist. Aber auch aus den kleinen Hüten lässt sich ein schmackhaftes Gericht zubereiten, sofern man sie in entsprechender Anzahl findet. Bezüglich Qualität braucht die kräftige und festfleischige Glockenform einen Vergleich mit ihren Verwandten nicht zu scheuen. Meines Erachtens besitzt sie ein besonders intensives Aroma. Da es bei allen Morcheltypen dünn- und dickfleischige Individuen gibt, liegt es auf der Hand, dass Letztere ergiebiger sind. Alter, Größe und Varietät einer Morchel bestimmen vor allem deren Geschmack und Güte.

IMPORTWARE

Um die große Nachfrage bei uns zu decken, werden Morcheln aus Asien, Kanada und den USA importiert. Die Pilze asiatischer Herkunft (Indien, Pakistan) werden oft über mottendem Feuer getrocknet und weisen daher einen starken Rauchgeschmack auf. Das Verwenden des Einweichwassers so behandelter Morcheln ist nicht zu empfehlen, da es einen penetranten Geschmack aufweist.

REZEPTHINWEISE

Auf die Angabe der Menge der Morcheln und Zutaten wird in den nachfolgenden Rezepten bewusst verzichtet, ist diese doch abhängig von der Anzahl Personen, für welche das Gericht zubereitet wird sowie dem Geschmacksempfinden und Gutdünken des Kochs oder der Köchin. Die Rezepte sind nur als Anregung und Leitfaden gedacht und lassen viel Entfaltungsspielraum.

MORCHELRAHMSAUCE

Morchelrahmsauce ist die bestimmt häufigste und bekannteste Zubereitungsart. So steht in Gaststätten oftmals „Filet an Morchelrahmsauce" auf der Speisekarte.

Die getrockneten Morcheln – Menge je nach Bedarf – müssen einige Stunden in warmem Wasser eingeweicht werden. In vielen Kochbüchern ist meines Erachtens die Einweichzeit viel zu kurz angegeben. Die Morcheln sollen nicht nur weich sein, sondern ihren Geschmack dem Einweichwasser übermitteln, da ein Teil hiervon für die Zubereitung der Sauce verwendet wird und ihr einen besonders intensiven Geschmack verleiht. Das Verwenden des gefilterten Einweichwassers ist jedoch nur bei Morcheln ohne Rauchgeschmack (Geruchsprobe) zu empfehlen.

ZUBEREITUNG

1. Die Morcheln je nach Größe nach dem Einweichen halbieren oder in passende Stücke schneiden und unter fließendem Wasser gut abspülen und trocknen.
2. Morcheln mit etwas gehackten Schalotten in der Butter glasig dünsten.
3. Mit etwas Cognac oder Portwein ablöschen, mit Rahm (Sahne) auffüllen und auf die Hälfte einkochen.
4. Mit Fond oder Bouillon und nach Belieben mit dem bereitgestellten Morchelwasser auffüllen und erneut einkochen. Je länger Sie die Sauce köcheln lassen, umso aromatischer wird sie.
5. Sauce vom Feuer nehmen und nach Bedarf mit Salz und Pfeffer würzen.

ZUTATEN

- Morcheln
- Schalotten
- Butter
- Portwein oder Cognac
- Rahm (Sahne)
- Fond oder Bouillon (Gemüse- oder Rinderbrühe)
- Salz und Pfeffer

Die Morchelrahmsauce passt zu Kalb-, Rind-, Schwein- und Wildgerichten.

MORCHELSUPPE

Morchelsuppe ist im Gegensatz zu Steinpilzsuppe bedeutend weniger bekannt, und die Nachfrage ist eher gering. Jedenfalls haben Großverteiler das Angebot wieder aus ihrem Sortiment gestrichen.

Selbst zubereitete Morchelsuppe schmeckt jedoch wunderbar, und das arttypische Aroma des Pilzes kommt bestens zur Geltung.

ZUTATEN

- Morcheln
- Schalotten
- Butter
- Weißwein
- Bouillon (Gemüse- oder Rinderbrühe)
- Rahm (Sahne)
- Cognac
- Salz und Pfeffer
- Mehl

ZUBEREITUNG

1. Morcheln mindestens zwei bis drei Stunden in lauwarmem Wasser einweichen, dann unter fließendem Wasser gründlich spülen. Einige kleine, besonders schöne Exemplare beiseitelegen, den Rest möglichst fein hacken.

2. Einweichwasser filtern und zur Seite stellen (nur bei Pilzen ohne Rauchgeschmack!).

3. Fein gehackte Schalotten in der Butter bei milder Hitze langsam glasig werden lassen, die Morcheln beifügen und kurz mitdünsten.

4. Mit Weißwein ablöschen und alles kochen, bis die Flüssigkeit gut zur Hälfte eingekocht ist.

5. Mit Bouillon und dem Einweichwasser aufgießen, und die Suppe zugedeckt auf kleinem Feuer 20 Minuten köcheln lassen.

6. Die Suppe mit Rahm (Sahne) und Cognac verfeinern sowie mit Salz und Pfeffer abschmecken.

7. Etwas weiche Butter und Mehl mit einer Gabel verkneten und flockenweise in die kochende Suppe geben. Diese dann noch zwei bis drei Minuten kochen lassen.

Fertige Morchelrahmsuppe

GEFÜLLTE MORCHELN

Als Vor- oder Hauptspeise gelten gefüllte Morcheln als exquisite Leckerbissen.

ZUTATEN

- Große Morchelhüte
- Kalbsbrät
- Petersilie
- Weißwein
- Portwein
- Gemüsebouillon (Gemüsebrühe)
- Salz und Pfeffer
- Blattsalat und/oder Brunnenkresse

ZUBEREITUNG

1. Morchelhüte einige Stunden einweichen, danach unter fließendem Wasser gründlich waschen und abtropfen lassen. Zur späteren Verwendung Einweichwasser abseihen.
2. Kalbsbrät unter Beigabe von geschnittener Petersilie mit Weiß- und einem Schuss Portwein sowie etwas Morchelwasser zu einer zähflüssigen Masse vermengen. Nach Geschmack mit Salz und Pfeffer würzen.
3. Brät in einen Spritzbeutel geben und Morcheln damit bis zur Hutöffnung füllen. Wenn nötig, Hutöffnungen über Kreuz etwas aufschneiden.
4. Morcheln in hitzebeständige Form geben. Diese zu ca. 1/3 mit heißer Gemüsebouillon füllen, mit perforierter Alufolie abdecken und im vorgeheizten Ofen bei 180 °C 15 Minuten garen lassen.
5. Morcheln mit Blattsalat und/oder Brunnenkresse garniert servieren.

Gefüllte Spitzmorcheln auf Brunnenkresse

TIPP: GEFÜLLTE „FONDUE-MORCHELN“

Am besten eignen sich hierzu kleinere Spitz- und Rundmorcheln in Walnussgröße. Die Zubereitung erfolgt wie im Rezept der gefüllten Morcheln beschrieben. Auch ohne Füllung schmecken die Morcheln – größere in passende Stücke geschnitten oder kleine, ganze Exemplare – hervorragend im Fondue mit Brühe. In der Schweiz nennt man die auf diese Art zubereiteten Pilze „Chinoise-Morcheln“.

Morcheln kurz in Bouillon eintauchen, und fertig ist die exklusive Delikatesse.

MORCHELRISOTTO

Ein Risotto aus Morcheln lässt sich wie ein klassisches Steinpilzrisotto zubereiten.

ZUTATEN

– Morcheln
– Bouillon (Gemüse- oder Rinderbrühe)
– Weißwein
– Risottoreis

ZUBEREITUNG

1. Morcheln zwei bis drei Stunden in Wasser einweichen.
2. Pilze abspülen und trocknen. Einweichwasser sorgfältig filtrieren.
3. Einige schöne Morcheln halbieren und zur Seite legen, die restlichen klein hacken.
4. Einen Fond aus warmer Bouillon, etwas Einweichwasser und Weißwein zubereiten.
5. Risottoreis zusammen mit den zerhackten Morcheln in den Fond geben und ca. 20 Minuten köcheln.
6. Die zur Seite gelegten halbierten Morcheln kurz dünsten.
7. Risottoreis portionsweise in eine passende Schale geben, auf einen Teller stürzen und mit den halbierten Morcheln garnieren.

Dazu passt gut ein grüner Salat.

Vorbereitete Morcheln und Einweichwasser

Morchelrisotto

AROMATISCHE MORCHELBEILAGEN

BRUNNENKRESSE

Wer im Auengebiet an Flussläufen und Bächen unterwegs ist, wird früher oder später der Brunnen- oder Bachkresse *(Nasturtium officinale)* begegnen. Sie liebt saubere, gemächlich fließende Gewässer und gedeiht sowohl im Wasser als auch im feuchten Uferbereich. Von Mai bis September bildet sie kleine, weiße Blüten aus. Nach meinem Dafürhalten zählt sie mit ihrer würzigen und aromatischen Schärfe zu den besten Salatkräutern. An geeigneten Standorten wird die Brunnenkresse auch kultiviert – der Anbau ist jedoch recht aufwendig. Da die Preise auf dem Wochenmarkt relativ hoch sind und Brunnenkresse auch nicht überall angeboten wird, lohnt es sich, das „Grünzeug" in der freien Natur zu sammeln. Am liebsten ernte ich die Brunnenkresse vor der Blüte, wenn die Blätter noch richtig zart und frisch sind.

Als Salat oder Suppe zubereitet, passt sie zu den verschiedensten Morchelgerichten. Dank ihres hohen Vitamin-C- und Mineralstoffgehalts wirkt sie außerdem gegen die Frühjahrsmüdigkeit und Erkältungskrankheiten.

SPARGEL

Anders als die Brunnenkresse bedarf der Spargel – dieses wunderbare, zarte und vielseitig verwendbare Frühjahrsgemüse – keiner speziellen Vorstellung. In der gehobenen Küche zählen Spargel-Morchel-Kreationen zu den Klassikern.

Weißer Spargel mit Morcheln

Bach- oder Brunnenkresse am Naturstandort

Service

ZUM WEITERLESEN

Inäbnit, Bert: **Frühling im Morchelrevier.** Verlag Müller Marketing & Druck AG, Gstaad, 2005

Drabosenig, Simon und Mischkulnig, Günter: **Morchel.** Verlag Mandelbaum, Wien, 2017

NÜTZLICHE ADRESSEN

www.hawlik-vitalpilze.de
Getrocknete Spitzmorcheln

www.morchel.ch
Spitzmorcheln aus den Patagonischen Wäldern

www.waldfruechte-zwicknagel.de
Getrocknete Morcheln

www.wilde-ernte.com
Rund- und Spitzmorcheln (sonnengetrocknet, handverlesen) aus dem Yukon (Kanada)

REGISTER

DANK

Ich danke allen – meiner Frau Marianne für das große Verständnis und die Geduld, die sie meiner Leidenschaft entgegenbringt, meinem Sohn Reto für die computertechnische und grafische Unterstützung sowie Freunden und Bekannten, die in irgendeiner Form zum Gelingen des Buches beigetragen haben.
Ein besonderer Dank ergeht an Frau Dr. Beatrice Senn-Irlet, Expertin für Pilze an der Eidgenössischen Forschungsanstalt für Wald, Schnee und Landschaft, für die fachliche Begutachtung.

SCHUTZBESTIMMUNGEN

Deutschland

Die Sammelobergrenzen sind in jedem Bundesland unterschiedlich. Richtlinie: 1 kg pro Person und Tag.

Österreich

Das Österreichische Forstgesetz erlaubt eine Entnahme von 2 kg. Örtliche Sammelbestimmungen beachten!

Schweiz

In einigen Schweizer Kantonen gelten spezielle Mengenbeschränkungen bzw. Bestimmungen:

- Luzern: 0,5 kg
- Obwalden: 0,5 kg
- Schwyz: 0,1 kg
- Uri: 0,5 kg (vor dem 1. April gilt ein Sammelverbot!)

Die aktuelle Liste der Sammelbestimmungen finden Sie unter www.vapko.ch.

BILDNACHWEIS

179 Farbfotos in diesem Buch stammen von **Heinz Gerber**, Bern.

Weitere 17 Farbfotos von **Andreas Gminder**: 75; **Mauritius images/Alamy/blickwinkel/Kajan:** 74; **Shutterstock/ Adrian_am13:** 47 u.; **/alpinenature**: 27 o.li.; **/Beat Bieler**: 123 re., **/Bildagentur Zoonar GmbH:** 102;**/Creative Travel Projects:** 10 o.li. **/Inga Nielsen:** 64/65; **/Jaroslav Machacek:** 14/15, 41 u.re.; 54/55; **/Jesus Giraldo Gutierrez:** 101 o.; **/Lillian Tveit:** 11; **/M.Huston:** 13; **/Nataliaova:** Außenklappe vorne; **/Orest Iyzhechka:** 80 Mi.; / **Sumruay Rattanataipob**: 100.

Mit 10 Zeichnungen von
Heinz Gerber, Bern: 5, Innenklappe hinten (alle 5); **Shutterstock/Hitriy Lis:** 9, 17, 57, 113.

IMPRESSUM

Umschlaggestaltung von die basis/Jeanne van Stuyvenberg unter Verwendung von 2 Farbfotos von Adobe Stock/Mircea Costina.

Mit 196 Farbfotos und 10 Zeichnungen.

Hinweise für den Benutzer

Nichts kann die Erfahrung ersetzen, die ein Pilzsammler erst im Laufe der Zeit erwirbt. Lassen Sie deshalb selbst bestimmte Pilze beim geringsten Zweifel an der Diagnose vorsichtshalber von einem Fachmann nachbestimmen (Pilzberatungsstellen, anerkannte Pilzberater). Verlag und Autor tragen keinerlei Verantwortung für Fehlbestimmungen durch den Leser oder für individuelle Unverträglichkeiten. Allgemein gilt: Pilze nie roh essen! Sofern nicht anders angegeben, schließt der Hinweis „essbar" stets ein, dass der Pilz zuvor durch Braten, Kochen etc. eine Hitzebehandlung erfuhr.
Bei den genannten Personenbezeichnungen wird jeweils nur die männliche Form, zum Beispiel Pilzsammler, verwendet. Das Buch wird dadurch leichter lesbar. Bitte haben Sie dafür Verständnis.

Unser gesamtes Programm finden Sie unter **kosmos.de.**
Über Neuigkeiten informieren Sie regelmäßig unsere Newsletter, einfach anmelden unter **kosmos.de/newsletter**

MIX
Papier aus verantwortungsvollen Quellen
FSC® C110508

Gedruckt auf chlorfrei gebleichtem Papier

ISBN 978-3-440-17016-8
Projektleitung: Heiko Fischer
Redaktion und Bildredaktion: Carolin Küßner
Gestaltungskonzept: GRAMISCI Editorialdesign, München
Gestaltung und Satz: Katrin Kleinschrot, Stuttgart
Produktion: Markus Schärtlein
Druck und Bindung: Westermann Druck Zwickau GmbH, Zwickau
Printed in Germany / Imprimé en Allemagne